Für unsere wunderbaren blühenden Familien

Wir sind stolz darauf, die Gadigal aus dem Volk der Eora als traditionelle Hüter des Landes anzuerkennen, über das wir dieses Buch geschrieben haben. Wir bewundern ihre enge Verbindung zu den Pflanzen und Ökosystemen dieser Region, um die sie sich schon seit grauer Vorzeit liebevoll kümmern, und erkennen ihre Rolle als erste Geschichtenerzähler dieses Landes an. Wir zollen den Ältesten der Vergangenheit und der Gegenwart unseren Respekt. Sie haben ihre Souveränität niemals abgetreten.

Blühende Pflanzen für Innenräume und Balkone – Tipps und Tricks für Pflege, Standort und Styling

Blütenmeer für dein Zuhause

Lauren Camilleri + Sophia Kaplan

mvgverlag

Inhalt

Blumen – die größten Verführer der Natur

Blüten und die Pflanzen, die sie hervorbringen, ziehen Menschen und Bestäuber gleichermaßen in ihren Bann – und das schon seit Jahrtausenden. Die Schönheit und die Vielfalt der Blütenpflanzen mit ihren herrlichen Formen, Farben, Oberflächenstrukturen und Düften sind ein wahres Meisterwerk der Natur.

EINE CHRISTROSE WIRFT IHRE TANZENDEN SCHATTEN AN DIE WAND.

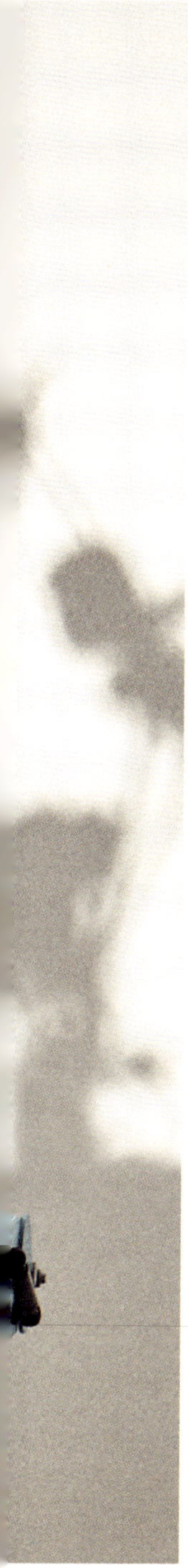

Von der kleinsten Orchidee mit ihren filigranen, durchscheinenden Blüten bis hin zur riesigen, vogelähnlichen Großblütige Pfeifenwinde *(Aristolochia grandiflora)* wurden bisher fast 400 000 verschiedene Arten von Blütenpflanzen beschrieben.

Viele dieser Pflanzen bauen wir an, um daraus Nahrung und Naturfasern zu gewinnen oder Arzneimittel herzustellen; doch normalerweise denkt man bei Blumen eher an ihre kulturelle Bedeutung. Sie spielen bei religiösen Ritualen – von Opfergaben in Tempeln bis hin zu Begräbnisprozessionen – eine wichtige Rolle und tauchen auch in vielen berühmten Kunstwerken, Liedern und Büchern auf. Und natürlich erfreuen sie sich schon seit Jahrhunderten großer Beliebtheit als Geschenke und haben auch symbolische Bedeutungen – man kann damit also gewissermaßen »durch die Blume« sprechen.

Diese romantischen Verwendungszwecke spielen für uns Menschen zwar eine sehr wichtige Rolle, doch Blüten erfüllen auch eine ganz praktische Aufgabe – nämlich als Fortpflanzungsorgan einer Pflanze. Im Zuge der Evolution haben sie sich zu attraktiven Lockmitteln für potenzielle Bestäuber entwickelt. Mit betörendem Duft, leuchtenden Farben und auffälligen Formen, manchmal aber auch auf dezentere Weise locken Blüten Insekten und Vögel an, damit sie bei der Bestäubung helfen. Manche Blüten sind sogar so konstruiert, dass sie sich selbst bestäuben können. Unabhängig von ihrer Bestäubungsmethode sind Blüten jedoch eine wichtige Voraussetzung für das Überleben der Arten und ein unverzichtbarer Bestandteil unseres Ökosystems. Sich mit der Wissenschaft der Blüten, ihrer Anatomie und ihrer Funktion zu beschäftigen, ist nicht nur faszinierend, sondern bildet auch eine wichtige Grundlage für alle gärtnerischen Bemühungen.

Pflanzen zu pflegen und zu beobachten, wie sie gedeihen, hat eine therapeutische Wirkung und bereitet vielen Menschen große Freude. Natürlich gehen Pflanzen auch manchmal ein – auch das ist ein Bestandteil ihres Lebenszyklus, den man respektieren muss. Oft bedarf es einiger Überredungskunst, Pflanzen im Haus zum Blühen zu bringen. Doch wenn Sie wissen, welche Pflege Ihre grünen Schützlinge benötigen, steigt dadurch nicht nur Ihr Selbstvertrauen als Gärtner oder Gärtnerin, sondern Sie werden dann auch eher eine Chance haben, dieses wunderschöne Schauspiel zu erleben. Deshalb haben wir in diesem Buch unsere besten Pflegetipps und -tricks für Sie zusammengestellt – von Standort und Bewässerung bis hin zu Erde und Dünger.

Ihre romantischen Verwendungszwecke spielen für uns Menschen zwar eine sehr wichtige Rolle, doch Blüten erfüllen auch eine praktische Aufgabe.

Blumen sind kleine Freudenfeuer der Natur. Wie ein lebendiger Kalender führen Sie uns vor Augen, wie die Zeit vergeht. In diesem Buch wollen wir Sie durch die vier Jahreszeiten geleiten und Ihnen zeigen, wie man einen Garten in der Wohnung oder auf dem Balkon anlegt, der das ganze Jahr über blüht und das Herz erfreut. Im Frühjahr sprießen Zwiebelpflanzen wie beispielsweise Tulpen, die im Herbst gesetzt wurden, aus tiefen Pflanzschalen, und die filigranen kleinen Blüten von Sauerklee und Storchschnabel beglücken uns mit ersten Farbtupfern. Im Sommer erreichen Wachsblumen und Begonien den Höhepunkt ihrer Blütezeit. Hortensien können ins Haus geholt werden, um dort ihre prächtigen Blütenschirme zu entfalten, bevor sie für den Rest des Jahres an einen sonnigeren Standort auf dem Balkon zurückkehren. Im Herbst erfreuen uns Alpenveilchen, Herbst-Anemone und viele Orchideen mit ihrer Farbenpracht, und Sukkulenten wie Othonna und Kalanchoe, die hauptsächlich im Winter blühen, bringen Farbe in die kalte Jahreszeit.

Heute ist es wichtiger denn je, respektvoll mit unserer Pflanzenwelt umzugehen und die Schlüsselrolle zu würdigen, die sie für das Überleben unseres Planeten spielt.

Wir hatten das Glück, einen Blick in die Gärten und Köpfe einiger faszinierender Pflanzenfreunde werfen zu dürfen. Die Blumenkönigin Petrina Burrill hat einen bezaubernden blühenden Garten in der Innenstadt von Melbourne angelegt. Die Fröhlichkeit, die diese Frau ausstrahlt, verdankt sie sicherlich den Töpfen und Kübeln voller Feldblumen, mit denen sie ihren Garten schmückt oder die sie zu wunderschönen Sträußen arrangiert. Jane Rose Lloyd – unsere ideenreiche gärtnerische Beraterin für dieses Buch, der wir viele wertvolle Tipps verdanken – ist eine begeisterte Pflanzenliebhaberin und besitzt eine faszinierende Orchideensammlung, die wir in ihrem Gewächshaus fotografieren durften. Die Keramikerin und Künstlerin Samantha McIntyre lebt in einem sehr originellen Zuhause mit riesigem Dachgarten mitten in der Stadt. Ihre Affinität zu Bienen spielt für ihre Beziehung zur Natur eine wichtige Rolle und prägt auch ihre Kunstwerke.

Heute ist es wichtiger denn je, respektvoll mit unserer Pflanzenwelt umzugehen und die wichtige Rolle zu würdigen, die sie für das Überleben unseres Planeten spielt. Mit diesem Buch möchten wir Sie dazu inspirieren, selbst einen blühenden Zimmer- oder Balkongarten anzulegen (oder einen bereits bestehenden Garten zu erweitern), mehr Natur in Ihr Alltagsleben zu holen und sich von der magischen Welt der Blütenpflanzen verführen zu lassen.

SOPHIA UND LAUREN WAREN SCHON IMMER DER MEINUNG, DASS DAS LEBEN SCHÖNER IST, WENN MAN SICH MIT BLÜTEN UND FRISCHEM GRÜN UMGIBT.

Die Wissenschaft von den Blumen

Bei den meisten auf unserer Erde vorkommenden Pflanzen handelt es sich um Blütenpflanzen (Angiospermen). Die Blüte ist im Grunde nichts anderes als ein Fortpflanzungsmechanismus der Pflanze. Der Begriff »Angiospermen« leitet sich von den griechischen Wörtern *angeion* und *sperma* her und bedeutet so viel wie »Samengefäße«. Die Fortpflanzungsorgane der Pflanzen befinden sich in ihren Blüten. Wenn die Pflanze (durch Fremd- oder Selbstbestäubung) befruchtet wird, entsteht eine Frucht. Diese Frucht enthält die Samen, aus denen die nächste Pflanzengeneration hervorgehen wird.

Anatomie einer Blüte

Ein raffiniertes Zusammenspiel aus verschiedenen Blütenteilen sorgt dafür, dass unsere Blumenarten nicht aussterben.

Das **STAUBGEFÄSS** ist das männliche Befruchtungsorgan und der pollenproduzierende Teil der Blüte. Normalerweise besteht es aus Staubfaden und Staubbeutel.

Das **BLÜTENBLATT** ist ein wichtiger nicht-reproduktiver Bestandteil der Blüte. Dabei handelt es sich letztendlich um umgestaltete Blätter, die die reproduktiven Organe der Pflanze umgeben. Blütenblätter gibt es in den verschiedensten Formen und Farben; sie dienen dazu, Insekten und andere Bestäuber anzulocken. Zusammenfassend bezeichnet man sie als Blumenkrone.

Der in der Mitte der Blüte liegende **STEMPEL** besteht aus drei Teilen (Fruchtknoten, Griffel und Narbe). Das ist das weibliche Fortpflanzungsorgan der Blüte und dient in erster Linie der Bestäubung. Aus dem reifen Fruchtknoten entsteht später die Frucht.

Im Fruchtknoten befinden sich die **SAMENANLAGEN** mit den Eizellen, aus denen nach der Befruchtung die Samen entstehen.

BLÜTENBODEN
Das verdickte Ende des Blütenstiels.

KELCHBLÄTTER sehen wie Blätter aus und sind normalerweise grün. Sie bilden eine schützende Hülle für die sich entwickelnde Knospe und stützen später die Blütenblätter. Zusammenfassend bezeichnet man sie als Blütenkelch.

BLÜTENSTIEL
Das ist im Wesentlichen der Stiel einer Blüte oder eines Blütenstands. Nach der Bestäubung trägt er die nun allmählich entstehende Frucht.

Bestäubung

Unter »Bestäubung« versteht man die Übertragung von Pollenkörnern von den männlichen auf die weiblichen Fortpflanzungsorgane einer Pflanze. Sie ist ein wichtiger Bestandteil des Prozesses der Samenbildung; ohne Bestäubung könnten die Blumenarten nicht überleben.

In der Natur gibt es zwei verschiedene Arten von Bestäubung: Selbst- und Fremdbestäubung. Selbstbestäubung ist die Übertragung von Pollenkörnern vom männlichen auf das weibliche Fortpflanzungsorgan derselben Blüte oder einer anderen Blüte derselben Pflanze. Fremd- oder Kreuzbestäubung bedeutet, dass Pollen von einer Pflanze auf eine andere übertragen wird. Diese Art der Bestäubung erfolgt durch Insekten, Vögel, manchmal sogar Fledermäuse und andere kleine Säugetiere. Die Bestäuber fühlen sich von der Schönheit und dem Duft der Blüten angezogen und

BIENEN, DIE ZU DEN HÄUFIGSTEN BESTÄUBERN GEHÖREN, ÜBERTRAGEN POLLEN VON BLÜTE ZU BLÜTE.

setzen sich auf sie oder kriechen in sie hinein, um ihren Nektar zu trinken oder sich von ihrem Pollen zu ernähren. Dabei streifen sie Pollenkörner ab, die sie dann später auf andere Pflanzen verteilen. Bienen sind besonders wichtige Bestäuber, weil sie Pollen für ihren Nachwuchs sammeln und dabei große Pollenpakete von Pflanze zu Pflanze übertragen. Regen und Wind, die den Pollen lockern und teilweise über größere Entfernungen transportieren, tragen ebenfalls zur Bestäubung bei.

Die Natur ist hochintelligent: Viele Blüten haben ein Design entwickelt, das nur ganz bestimmte Bestäuber anlockt, oder besonders originelle Pollenübertragungsmethoden entwickelt. Beispielsweise haben die Blüten der australischen »Wespenorchideen« *Chiloglottis trapeziformis* und Chiloglottis *valida* im Zuge der Evolution das Aussehen weiblicher Wespen angenommen und verströmen auch einen ähnlichen Duft. Daher versuchen männliche Wespen, sich mit diesen Blüten zu paaren, und werden dabei mit Pollenkörnern bepudert. Und die Schusspflanzen *(Stylidium)* verfügen über einen Mechanismus, der ausgelöst wird, wenn ein potenzieller Bestäuber auf der Blüte landet: Dann fliegt dem Insekt ein Schwall von Pollenkörnern entgegen.

Wer Bestäubern Nahrung bietet, tut der Natur auf jeden Fall etwas Gutes. Doch dass die Blütenpflanzen in Ihrem Zimmer- oder Balkongarten bestäubt werden, ist für Sie nur dann wichtig, wenn Sie möchten, dass diese Pflanzen Samen oder Früchte bilden. Im Freien gilt der Grundsatz: Je größer die Vielfalt der Blumen, umso mehr Bestäuber werden Sie in Ihren Garten oder auf Ihren Balkon locken. In der Wohnung ist das weniger wahrscheinlich. Sie können Ihre Blütenpflanzen jedoch bei geöffnetem Fenster auf die Fensterbank stellen, um Bienen und andere Insekten anzulocken.

Wenn es nicht viele natürliche Bestäuber gibt oder Sie gerne Kreuzungen (sogenannte Hybriden) aus bestimmten Pflanzen züchten möchten, sollten Sie es einmal mit Handbestäubung versuchen. Bei zweigeschlechtigen Blüten (die sowohl männliche als auch weibliche Fortpflanzungsorgane enthalten) brauchen Sie nur ein paarmal auf die Blüte zu klopfen, damit sich der Pollen von den Staubgefäßen auf den Stempel überträgt. Bei eingeschlechtigen Blüten (die entweder nur männliche oder nur weibliche Fortpflanzungsorgane aufweisen) oder wenn Sie zwei Pflanzen miteinander kreuzen möchten, verwenden Sie einfach einen feinen Künstlerpinsel, um Pollenkörner von einem reifen Staubbeutel zu sammeln und auf die reife Narbe einer anderen Blüte zu übertragen.

EINE LEUCHTEND ROSA BLÜHENDE *HYDRANGEA MACROPHYLLA* ›PINK‹

Garten-Glossar

ABLEGER Exakte Klone, die die Mutterpflanze auf dem Weg der Selbstvermehrung bildet.

AUSBRECHEN Verblühte Stiele entfernen, damit die Pflanzen nicht unansehnlich werden und ihre Energie auf die Produktion weiterer Blüten konzentrieren können.

BLÜTENSTAND Eine Ansammlung von Einzelblüten, die an einem Stiel angeordnet sind; kann aus einem einzelnen oder aus mehreren Zweigen bestehen.

DOLDE Ein Blütenstand, bei dem ein Büschel von Einzelblüten an fast gleich langen Stielen sitzt, die alle von einem zentralen Punkt ausgehen (zum Beispiel Wiesenkerbel- und Fenchelblüten).

DÜRRERESISTENT Eine Pflanze, die längere Zeit ohne Wasser auskommen kann.

EINJÄHRIGE PFLANZE Eine Pflanze, die nach Abschluss ihres Lebenszyklus (normalerweise innerhalb einer einzigen Wachstumsperiode) abstirbt. Sie muss jedes Jahr neu gepflanzt werden; manche Arten säen sich selbst aus.

EPIPHYT Eine Pflanze, die keine Erde benötigt, sondern auf anderen Pflanzen oder Gegenständen (normalerweise auf Bäumen) wächst. Im Allgemeinen schmarotzen Epiphyten nicht bei ihrer Wirtspflanze. Semi-epiphytische Pflanzen können sowohl epiphytisch als auch nicht-epiphytisch leben.

FAMILIE Eine Gruppe von Pflanzen mit gemeinsamen genetischen Vorfahren. In der Taxonomie steht die Familie über der Gattung und der Art, aber unter dem Reich, der Klasse und der Ordnung. Der lateinische »Familienname« wird stets mit großem Anfangsbuchstaben geschrieben.

FRUCHTKNOTEN Der verdickte untere Teil des Stempels, der die Samenanlagen (noch unentwickelten Samen) enthält.

GATTUNG Eine Gruppe von Pflanzen, die die gleichen allgemeinen Merkmale aufweisen. In der Taxonomie steht die Gattung unterhalb der Familie und über der Art. Der lateinische Gattungsname wird kursiv und mit einem Großbuchstaben am Anfang geschrieben (zum Beispiel *Camellia*).

GEMÄSSIGT Eine Region mit milden Temperaturen, in der es normalerweise keine klimatischen Extreme gibt.

GRIFFEL Ein stielartiges Gebilde, das Fruchtknoten und Narbe miteinander verbindet. Zusammen bilden Griffel, Fruchtknoten und Narbe den Stempel.

HOCHBLATT (BRAKTEE) Ein umgewandeltes Blatt, das unterhalb einer Blüte oder eines Blütenstands sitzt. Hochblätter werden oft mit Blütenblättern verwechselt, da sie sich in Form, Größe und Farbe von Laubblättern unterscheiden und außerdem dazu beitragen, bestäubende Insekten anzulocken.

HYBRIDE Das Ergebnis einer Kreuzbestäubung zwischen zwei Pflanzenarten derselben Gattung. Hybridisierung kann auch auf natürlichem Weg in der Natur vorkommen. Alle Pflanzen können zur Züchtung von Hybriden verwendet werden – auch Sorten, Varietäten und andere Hybriden.

IMMERGRÜN Eine Pflanze, die ihre Blätter nicht abwirft, sondern das ganze Jahr über behält.

KOLBEN Ein Blütenstand mit vielen kleinen Blüten, die an einer fleischig verdickten Hauptachse sitzen. Solche Kolben sind typisch für die Familie der Aronstabgewächse und oft von einer Blütenscheide (einem blattähnlichen, gekrümmten Hochblatt) umgeben.

KRAUTIGE PFLANZE (ODER KRAUTPFLANZE) Eine Gefäßpflanze ohne oberirdische holzige Stämme. Viele Stauden, einjährige und zweijährige Pflanzenarten, Farne und Gräser sind Krautpflanzen.

LAUBABWERFEND Eine Pflanze, die (normalerweise in der kühleren Jahreszeit) ihre Blätter abwirft und neu austreibt, sobald wieder bessere klimatische Bedingungen herrschen.

NARBE Teil des Stempels; die pollenaufnehmende Spitze des Griffels, auf der die Pollenkeimung stattfindet.

NYKTINASTIE Bewegung von Blüten oder Blättern, die durch nächtliche Lichtveränderungen oder Temperaturschwankungen ausgelöst wird.

PSEUDOBULBE Eine blumenzwiebelartige oberirdische Struktur, die einen Teil des Stängels bildet und der Speicherung von Wasser und Nährstoffen dient. Manche Pseudobulben sind ziemlich stark verdickt und deutlich erkennbar, während andere mit den Blättern, die aus ihnen herauswachsen, zu verschmelzen scheinen.

RHIZOM Eine unterirdisch kriechende Sprossachse, die sowohl Triebe als auch Wurzeln ausbildet.

RUHEZEIT Eine Ruhepause, die manche Pflanzen einlegen, um Energie zu sparen oder sich vor ungünstigen Klimabedingungen zu schützen.

SAMMELFRUCHT Eine Frucht, die aus mehreren miteinander verwachsenen Fruchtknoten besteht (beispielsweise Himbeeren oder Brombeeren).

SORTE Eine Pflanze, die vom Menschen selektiv gezüchtet worden ist.

SPECIES AFFINIS (SP. AFF.) Ein Begriff, der in der binominalen Nomenklatur verwendet wird, wenn die Identität einer biologischen Art unklar ist, sie aber eine auffallende Ähnlichkeit mit einer bekannten Art aufweist oder mit ihr verwandt ist.

STAUBBEUTEL Ein Bestandteil des Staubgefäßes, der an der Produktion und Verbreitung von Pollenkörnern beteiligt ist.

STAUBFADEN Ein röhrenförmiger Bestandteil des Staubgefäßes, auf dem der Staubbeutel sitzt.

STAUDE (auch als mehrjährige oder ausdauernde Pflanze bezeichnet) Eine Pflanze, die normalerweise länger als ein Jahr lebt und, sobald sie ausgewachsen ist, unter den richtigen Bedingungen jedes Jahr blüht. Stauden haben oft eine kürzere Blütezeit als einjährige Pflanzen.

SUBSPECIES (SUBSP.; UNTERART) Eine taxonomische Gruppierung innerhalb einer Art; dient zur Bezeichnung von Pflanzen, die in unterschiedlichen geografischen Regionen vorkommen und deren Merkmale sich geringfügig voneinander unterscheiden.

SYNONYM (SYN.) Früherer Name einer Art, der neueren wissenschaftlichen oder genetischen Untersuchungen zufolge nicht mehr akzeptabel ist (zum Beispiel handelt es sich bei Senecio *radicans* um ein Synonym für *Curio radicans*).

TROPISCH Eine Region mit warmen Temperaturen und hoher Luftfeuchtigkeit; im Allgemeinen frostfrei.

ÜBERWINTERN Schutz der Pflanzen vor rauem winterlichem Klima, indem man sie ins Haus oder in eine Umgebung mit günstigeren klimatischen Bedingungen bringt. Je nach Pflanzenart kann das bedeuten, dass man sie in einem Sonnenraum, einem Warmhaus oder einem kühlen, dunklen Raum unterbringt.

VERGEILT Eine Pflanze mit langen, schwachen und blassen oder vergilbenden Trieben, die möglicherweise auch besonders kleine Blätter und sehr lange Internodien aufweist – ein Phänomen, das normalerweise auf Lichtmangel zurückzuführen ist.

WINTERHART Eine Pflanze, die Temperaturen unterhalb des Gefrierpunkts überstehen kann (wird manchmal auch als »frosthart« bezeichnet).

WUCHSFORM Allgemeines Erscheinungsbild einer Pflanze (zum Beispiel hängend oder aufrecht).

ZURÜCKSCHNEIDEN Einen Trieb mit einer scharfen Gartenschere direkt oberhalb eines Knotens abschneiden, damit an seiner Stelle mehrere Stiele wachsen können. Das Zurückschneiden soll auch dazu beitragen, dass die Stiele länger werden und mehr Blüten bilden.

RECHTS: DER SONNENHUT *(ECHINACEA)* IST NICHT NUR EINE HEILPFLANZE, SONDERN AUCH EINE ECHTE AUGENWEIDE.

Wie pflegt man Blütenpflanzen?

Wenn Sie Ihre Blütenpflanzen richtig pflegen, werden sie sich garantiert von ihrer besten Seite zeigen – das heißt, sie werden gut gedeihen und hoffentlich auch blühen. Im Gegensatz zu Pflanzen in der freien Natur sind Zimmerpflanzen vollkommen darauf angewiesen, dass wir ihre Bedürfnisse erfüllen. Ein sanfter Rhythmus aus Lernen, Eintopfen, Standortwahl, Überprüfen, Gießen, Düngen, Zurückschneiden, Experimentieren – und gelegentlichen Fehlern – wird dazu beitragen, dass Ihr Zimmer- oder Balkongarten prächtig gedeiht.

Licht

Ohne Licht wird Ihr Garten – egal ob drinnen oder draußen – nicht gedeihen, denn durch den Prozess der Fotosynthese wandeln Pflanzen mithilfe des Sonnenlichts Wasser und Kohlendioxid in Energie um, die sie benötigen, um zu wachsen.

Ganz einfach: Pflanzen brauchen Licht, um zu überleben. Es gibt zwar ein paar wunderschöne Blattpflanzen, die sich auch an lichtarmen Standorten wohlfühlen (zum Beispiel die Efeutute und das Einblatt); doch die meisten Pflanzen benötigen eine kräftige Dosis Licht, um gesunde Blätter und vor allem Blüten auszubilden – denn Blüten verbrauchen ungeheuer viel Energie. Um Ihre Pflanzen bei Laune zu halten und dafür zu sorgen, dass sie auch blühen, müssen Sie wissen, wie viel Licht sie brauchen.

Zimmerpflanzen erhalten je nach Standort unterschiedlich viel Licht. Selbst auf einem geschützten Balkon wird eine Pflanze wahrscheinlich immer noch viel mehr Sonne abbekommen als in Innenräumen. Einige der Pflanzen, die wir Ihnen in diesem Buch vorstellen möchten, gedeihen nur im Freien gut, während man andere auch in der Wohnung zum Blühen bringen kann, wenn man ihnen einen Platz in der Nähe eines Fensters oder Oberlichts anbietet.

In unseren Pflegeanleitungen finden Sie Angaben zu fünf verschiedenen Arten von Licht: gefiltertes oder direktes Licht für Pflanzen im Haus oder in der Wohnung und Vollschatten, Halbschatten oder volle Sonne für Pflanzen im Freien.

GEFILTERT Ein Platz in einem Innenraum mit viel hellem Licht während des ganzen Tages. Pflanzen, die an einem solchen Standort gedeihen, mögen durchaus ein bisschen direkte, sanfte Morgensonne, sollten aber vor der prallen Nachmittagssonne geschützt werden, da ihre Blätter sonst verbrennen.

DIREKT In Innenräumen ist das Licht in der Nähe einer natürlichen Lichtquelle, beispielsweise eines Fensters oder Oberlichts mit freiem Blick auf den Himmel, am hellsten. Pflanzen, die so einen Standort mögen, brauchen vier bis sechs Stunden direktes Sonnenlicht pro Tag – am besten über den Vormittag und Nachmittag verteilt.

VOLLSCHATTEN Ein heller Standort, aber mit sehr wenig bis gar keiner direkten Sonneneinstrahlung. Pflanzen mit zarten, empfindlichen Blättern und Blüten, die bei direkter Sonneneinstrahlung verbrennen würden, sind hier bestens aufgehoben.

HALBSCHATTEN Das ist entweder ein teils schattiger, teils sonniger Standort oder ein Platz, an dem es zu bestimmten Tageszeiten sonnig und zu anderen Zeiten schattig ist. Im Freien herrscht an solchen Standorten bis zu drei Stunden pro Tag direkte Sonne, wobei die Pflanzen jedoch vor der prallen Nachmittagssonne geschützt sind.

VOLLE SONNE Ein Platz im Freien oder auf dem Balkon, der sechs bis neun Stunden am Tag direktem Sonnenlicht ausgesetzt ist. Kakteen und Sukkulenten, die in der Wüste wachsen, aber auch viele essbare Pflanzen brauchen so viel direkte Sonneneinstrahlung, um zu gedeihen.

Standort

Bei der Wahl eines geeigneten Standorts für Ihre Pflanze sollten sowohl ästhetische als auch praktische Überlegungen eine Rolle spielen, denn vom richtigen Standort hängt es ab, ob Ihre Pflanze gedeihen und Sie mit Blüten belohnen wird oder nicht. Egal ob drinnen oder draußen – die meisten Pflanzen brauchen viel Sonnenlicht, um die für eine Blüte erforderliche Energie zu erzeugen. Aber Licht ist nicht das einzige Kriterium für die Standortwahl; auch andere Umweltbedingungen – beispielsweise Wind, Temperatur und Luftfeuchtigkeit – sowie Schädlingsbekämpfung, die Wahl der richtigen Töpfe und die Wuchsform der Pflanze spielen eine wichtige Rolle.

Die Entscheidung, ob sich Ihre Pflanze am besten für ein Leben im Haus oder im Freien eignet, hängt im Wesentlichen vom Licht ab. Ein Großteil der Zimmerpflanzen stammt ursprünglich aus tropischen Regenwäldern, wo sie in sanftem, gedämpftem Licht unter riesigen Baumkronen wachsen. Dagegen benötigen die meisten Sukkulenten viel mehr direkte Sonneneinstrahlung, um zu überleben und zu gedeihen. Fast alle Pflanzen brauchen ziemlich viel Sonne, um zur Blüte zu kommen; viele Pflanzen, die wir in diesem Buch vorstellen werden, blühen sogar nur dann, wenn sie zumindest ein paar Stunden lang direktem Sonnenlicht ausgesetzt sind.

In der Wohnung haben wir die Umweltbedingungen unserer Pflanzen bis zu einem gewissen Grad unter Kontrolle; doch im Freien unterliegen sie sehr viel stärkeren Schwankungen. Selbst auf Balkonen, die vor Wind und Wetter geschützt sind, sind Ihre Pflanzen normalerweise ziemlich extremen Klimabedingungen ausgesetzt – von starker direkter Sonneneinstrahlung (die manche Pflanzen lieben, andere aber gar nicht mögen) bis hin zu drastischen Temperaturschwankungen. Wie stark sich diese Schwankungen auf Ihre Pflanzen auswirken, hängt davon ab, wo Sie wohnen. Das relativ gemäßigte Klima der kühleren Jahreszeit in Sydney unterscheidet sich ganz erheblich von den Minusgraden eines Winters in New York. Und während manche Pflanzen Frost vertragen (und ihnen diese Kälte vielleicht sogar guttut), gehen andere vorzeitig ein, wenn sie solch extremen Wetterbedingungen ausgesetzt sind.

Überwintern – also die Unterbringung von Pflanzen im Haus oder in einer geschützteren Umgebung, wo sie keinem Frost ausgesetzt sind – ist eine hervorragende Strategie für kältere Klimazonen. Und wenn Ihr Balkon im Sommer sehr heiß und sonnig ist, kann eine gut platzierte Markise oder die vorübergehende Umsiedelung Ihrer Pflanzen nach drinnen empfindlichen Exemplaren das Leben retten. Wind kann Pflanzen ebenfalls schaden, da er die Blumenerde sehr schnell austrocknet; er lässt sich eindämmen, indem man einen Wandschirm aufstellt oder größere, robustere Arten anpflanzt, die empfindlicheren Pflanzen einen Windschutz bieten. In der Wohnung können sich Klimaanlagen und Heizungen negativ auf das Gedeihen von Pflanzen auswirken. Die meisten tropischen Pflanzen freuen

sich über etwas mehr Luftfeuchtigkeit, die man ihnen bieten kann, indem man sie regelmäßig besprüht, auf eine mit Kieselsteinen und Wasser gefüllte Schale oder in die Nähe eines Luftbefeuchters stellt, vor allem in der trockeneren Jahreszeit.

Vögel und Schädlinge wie Schnecken, die an Zimmerpflanzen zum Glück nicht herankommen, können für den Balkongarten durchaus ein Problem sein. Nutzen Sie Vorrichtungen wie beispielsweise Abdeckungen aus Bambusgeflecht, um Vögel fernzuhalten, und natürliche Schädlingsbekämpfungsmittel wie Bierfallen, um Schnecken loszuwerden. (Dazu füllt man einfach eine flache Schale mit Bier und gräbt sie so tief in die Erde ein, dass der Rand der Schale auf gleicher Höhe mit der Erdoberfläche steht.) Aber verhalten Sie sich respektvoll gegenüber der Tierwelt auf Ihrem Balkon (und gegenüber der Umwelt im Allgemeinen), indem Sie auf giftige Pestizide verzichten! Alle Insekten – vor allem Bienen – sind wichtige und wertvolle Freunde der Blumen. Ihre Zimmerpflanzen werden aber wahrscheinlich keinen Besuch von Bestäubern erhalten – und das ist ein echtes Problem, wenn Sie hoffen, dass Ihre Pflanze Samen bildet oder Früchte trägt. In unseren Ausführungen zum Thema Bestäubung auf Seite 16–17 finden Sie ein paar hilfreiche Tipps dazu.

Wenn Sie in einer Etagenwohnung leben, sollten Sie sich als Erstes nach etwaigen Vorschriften für Balkongärten in Ihrem Haus erkundigen. Vielleicht gibt es Gewichtsbeschränkungen oder Anordnungen für Untersetzer, um die Sicherheit und das Wohlbefinden Ihrer Mitbewohner nicht zu gefährden. Wählen Sie in solchen Fällen lieber leichte Töpfe (also weder aus Beton noch Keramik, auch nicht, wenn Sie größere Balkonpflanzen haben) und legen Sie einen leeren, umgedrehten Anzuchttopf aus Plastik oder natürliche Füllstoffe wie Tannenzapfen oder kleine Stöckchen auf den Boden des Topfes, um das Gesamtgewicht zu reduzieren. Aber achten Sie darauf, dass den Wurzeln der Pflanze trotzdem noch genügend Platz zum Wachsen bleibt!

Unsere Pflegeanleitungen verraten Ihnen, ob eine Pflanze im Haus oder im Freien am besten gedeiht und ob sie sich an beiden Standorten wohlfühlt. Halten Sie sich an die Standort- und Lichtempfehlungen in diesem Buch, um den besten Platz für Ihre Pflanze zu finden.

Wasser

Genau wie Licht ist auch Wasser ein wichtiger Faktor, damit Pflanzen erfolgreich gedeihen. Wasser macht ungefähr 95 Prozent des Pflanzengewebes aus. Dieses flüssige Gold wird hauptsächlich über die Wurzeln aufgenommen; es stützt die Zellstruktur der Pflanze und macht sie stark und gleichzeitig elastisch genug, um den Elementen zu trotzen.

Außerdem trägt Wasser dazu bei, wichtige Nährstoffe, die die Pflanze für Wachstum und Fortpflanzung braucht, in die Stiele, Blätter und Blüten zu transportieren. Für die Wasseraufnahme benötigen die meisten Pflanzen ein gut durchlässiges und belüftetes Substrat, in dem das Wasser ungehindert fließen und von den Wurzeln aufgenommen werden kann; gleichzeitig sollte überschüssiges Wasser abfließen können. Manche Pflanzen brauchen sehr viel Feuchtigkeit, während andere wüstenähnliche Umweltbedingungen bevorzugen. Blumenerde und Bewässerungsplan müssen genau auf die individuellen Anforderungen Ihrer grünen Lieblinge zugeschnitten sein.

In der freien Natur erhalten Pflanzen automatisch genügend Wasser; doch in Innenräumen und auf überdachten Balkonen sind sie weitgehend auf unsere Versorgung angewiesen. Aber machen Sie sich deshalb keinen Stress! Das beste Werkzeug, um stets für den richtigen Feuchtigkeitsgrad Ihrer Blumenerde zu sorgen, ist Ihr Finger. Stecken Sie ihn in die Erde, um festzustellen, wie ausgetrocknet sie ist und ob Sie Ihre Pflanze schon wieder gießen müssen oder lieber noch ein bisschen damit warten sollten. Für die Bewässerung gibt es kein Patentrezept – sie hängt von den individuellen Bedürfnissen Ihrer Pflanze ab. Im Durchschnitt sollten jedoch bei den meisten Pflanzen zwischen den Wassergaben die obersten 2–5 cm Blumenerde austrocknen. Zu reichliches Gießen ist einer der schlimmsten Pflanzenkiller – denn von Wurzelfäule erholen sie sich nicht so schnell. Daher ist es normalerweise besser, auf Nummer sicher zu gehen und mit dem Gießen im Zweifelsfall lieber noch ein bis zwei Tage zu warten. Gießen Sie Ihre Pflanzen immer gründlich, aber achten Sie darauf, überschüssiges Wasser aus dem Untersetzer zu entfernen, damit sie nicht in nasser Erde stehen.

Manche Pflanzen muss man mehrmals pro Woche gießen, andere brauchen nur ungefähr einmal im Monat Wasser. Denken Sie daran, dass sich der Standort der Pflanze auf ihren Wasserbedarf auswirkt. Pflanzen, die draußen stehen und somit Sonne und Wind stärker ausgesetzt sind, trocknen schneller aus und verdunsten auch eher Wasser über ihre Blätter, um die Temperatur zu regulieren (ein Prozess, den man als Transpiration bezeichnet).

Die Topfgröße und andere Faktoren (beispielsweise eine Klimaanlage) haben ebenfalls Einfluss darauf, wie schnell die Erde im Blumentopf austrocknet. Außerdem müssen Sie Ihren Bewässerungsplan vielleicht auch an die Jahreszeiten anpassen. Orientieren Sie sich an unseren Pflegeanleitungen, aber werfen Sie auch regelmäßig einen prüfenden Blick auf Ihre Pflanzen! Folgende Hinweise geben wir zum Gießen der Pflanzen:

WENIG Ungefähr einmal alle paar Wochen. Wüstenpflanzen mit sukkulenten, wasserspeichernden Blättern muss man normalerweise erst gießen, wenn der größte Teil der Blumenerde ausgetrocknet ist.

MÄSSIG Ungefähr einmal pro Woche (abhängig von den oben beschriebenen äußeren Einflussfaktoren). Die meisten in diesem Buch vorgestellten Pflanzen fallen in diesen Bereich: Sie müssen gegossen werden, sobald die obersten 2–5 cm der Blumenerde ausgetrocknet sind.

VIEL Zwei- bis dreimal pro Woche. Feuchtigkeitsliebende Pflanzen müssen gegossen werden, sobald die Oberfläche der Blumenerde ausgetrocknet ist.

Blumenerde

Von diesem wie harmloser Schmutz aussehenden Substrat, in dem Ihre Pflanzen wachsen, sieht man normalerweise nicht viel – aber vergessen Sie es trotzdem nicht! Die Blumenerde spielt für die Gesundheit und Vitalität einer Pflanze nämlich eine sehr wichtige Rolle; sie unterstützt das Wurzelwachstum und erleichtert den Transport von Wasser, Sauerstoff und Nährstoffen.

Wie wichtig ein gesunder Boden für unser Ökosystem ist, zeigt sich immer deutlicher. Ein einziger Teelöffel gesunder Erde kann zwei bis sieben Milliarden Kleinlebewesen enthalten; sie tragen dazu bei, Kohlenstoff zu binden, organisches Material zu zersetzen und das Pflanzenwachstum zu fördern. Bei Zimmer- oder Balkongärten wirkt sich die Qualität der Blumenerde unmittelbar auf die Stärke und Widerstandsfähigkeit der Pflanzen aus.

Der Unterschied zwischen Erde (oder Boden) und Blumenerde besteht darin, dass Erde in der Natur vorkommt, während Blumenerde eine aus verschiedenen Zutaten hergestellte Erdmischung ist. Diese Mischung besteht aus:

- organischen (tierischen oder pflanzlichen) Substanzen wie Kompost und Mist,
- anorganischen natürlichen Zusätzen zur Förderung der Belüftung,
- Dünger und
- optionalen Extras wie Kalk zur Regulation des pH-Werts, nützlichen Kleinlebewesen und Benetzungsmitteln (je nach Art der Blumenerde).

Welche Blumenerde Sie brauchen, ist von Pflanzengruppe zu Pflanzengruppe unterschiedlich. Verwenden Sie nach Möglichkeit eine genau auf Ihre Pflanze abgestimmte Erde. Sukkulenten und Kakteen bevorzugen ein trockeneres, gröberes Substrat mit sehr gutem Wasserabzug, während tropische Blattpflanzen normalerweise eine Erde benötigen, die etwas Feuchtigkeit speichert, aber gleichzeitig überschüssiges Wasser abfließen lässt; dadurch wird Staunässe vermieden, und die Pflanzenwurzeln ersticken nicht. Die meisten Zimmerpflanzen gedeihen gut in qualitativ hochwertiger normaler Zimmerpflanzenerde, aber natürlich gibt es auch ein paar Ausnahmen. Zum Beispiel bevorzugen epiphytische Orchideen, die in Regenwäldern auf Bäumen wachsen, ein erdfreies Substrat aus Rindenspänen und vielleicht noch etwas Holzkohle oder Perlit, um den Wasserabzug zu verbessern. Dieses sehr lockere Substrat eignet sich auch gut für Bromelien und andere Epiphyten. Für säureliebende Pflanzen wie beispielsweise Kamelien, Rosen, Gardenien, Azaleen, Blaubeeren und Rhododendren nehmen Sie am besten eine spezielle Erdmischung, die oft unter der Bezeichnung »Kamelienerde« oder »Rosenerde« verkauft wird.

Im Allgemeinen gilt: Je teurer die Blumenerde, umso besser die Qualität – daher empfehlen wir Ihnen, nicht an der Erde für Ihre Pflanzen zu sparen. Achten Sie darauf, dass die Erde Ihrer Wahl keinen Torf enthält, denn Torfabbau schadet der Natur und dem Klima; also entscheiden Sie sich lieber für den umweltfreundlicheren Kokostorf. (Dieser wird aus Kokosfasern gewonnen, was kein Problem darstellt, denn Kokospalmen sind nicht selten.)

Die Herstellung von eigenem Kompost oder Wurmkompost ist eine hervorragende Möglichkeit, Ihre Blumenerde mit Nährstoffen und einer großen Vielfalt an Kleinlebewesen anzureichern. Zwar hat nicht jeder Platz für einen großen Komposthaufen; doch selbst auf einem kleinen Balkon kann man eine Wurmfarm unterbringen. Diese hübschen kleinen Vorrichtungen können Hunderte von Würmern beherbergen, die unermüdlich daran arbeiten, organische Lebensmittelabfälle zu verdauen und in nährstoffreichen Wurmkot zu verwandeln. Bokashi-Kompostiersysteme sind ebenfalls eine sehr gute und platzsparende Alternative. Da Lebensmittelverschwendung in beachtlichem Maß zur Klimakrise beiträgt, können Sie zwei Fliegen mit einer Klappe schlagen, indem Sie Ihre essbaren Abfälle an Würmer verfüttern oder auf den Komposthaufen geben – beide werden es Ihnen mit flüssigem Gold für Ihre Pflanzen danken. Wenn Sie eine neue Pflanze eintopfen, verwenden Sie dafür am besten einen gründlich gereinigten Topf mit frischer Blumenerde, um das Risiko der Übertragung von Schädlingen oder Krankheiten zu verringern. Wir empfehlen Töpfe mit Drainagelöchern am Boden, damit Sie Ihre Pflanzen durchdringend gießen und dabei sicher sein können, dass überschüssige Feuchtigkeit aus dem Topf abläuft. Wenn Sie Pflanzgefäße ohne Drainage bevorzugen, ist es am besten, zwei Töpfe zu verwenden: Lassen Sie die Pflanze einfach in ihrem Plastik-Anzuchttopf, der mehrere Drainagelöcher hat, und setzen Sie diesen in einen dekorativeren Übertopf.

In unseren Pflegeanleitungen unterscheiden wir zwischen drei verschiedenen Arten von Blumenerde: gut durchlässig, feuchtigkeitsspeichernd und grobkörnig + sandig. Manchmal listen wir auch eine Kombination aus allen drei Arten auf oder weisen darauf hin, dass es eine spezielle Erde für die betreffende Pflanzenart gibt.

Dünger

Dünger kann einen wichtigen Beitrag zur Förderung eines kräftigen Blattwachstums leisten und ist sogar noch wichtiger für eine reiche Blüte. Für den lebenswichtigen Prozess der Fotosynthese brauchen Pflanzen mindestens 16 verschiedene chemische Elemente. Kohlenstoff, Sauerstoff und Wasserstoff können sie aus der Luft und dem Wasser gewinnen; doch Stickstoff, Magnesium und Eisen, die sie in ihrem natürlichen Lebensraum problemlos dem Boden entziehen können, müssen wir Pflanzen, die in Töpfen und Kübeln wachsen, von außen zuführen.

Frische Blumenerde wird normalerweise mit Langzeitdünger angereichert; doch im Lauf der Zeit werden diese Nährstoffe entweder von der Pflanze aufgenommen oder durch Gießen aus der Erde ausgewaschen. Ohne diese lebenswichtigen chemischen Substanzen können die Pflanzen geschwächt werden; dann wachsen sie erfahrungsgemäß langsamer und blühen nicht mehr so reichlich. Hier kommt der Dünger ins Spiel.

Besonders wichtig ist die Düngung von Pflanzen während ihrer aktiven Wachstumsperiode, also normalerweise in den wärmeren Monaten (Frühling und Sommer) – immer dann, wenn eine Pflanze regelmäßiges Wachstum zeigt, und auch während der Blütezeit. Zu den Anzeichen dafür, dass eine Pflanze wieder eine Düngergabe gebrauchen könnte, gehören abfallende Blätter, vergilbte untere Blätter und langsameres oder völlig zum Stillstand gekommenes Wachstum. Während der Ruhezeit verbrauchen Pflanzen viel weniger Energie und benötigen keinen Dünger. Eine Überdüngung kann immer – vor allem aber in dieser Zeit – zu verbrannten Blattspitzen, gelben Blättern, womöglich sogar zum Verwelken und Eingehen der Pflanze führen. Verdünnen Sie den Dünger lieber auf die Hälfte oder ein Viertel der in der Gebrauchsanleitung empfohlenen Menge! Bei Bedarf können Sie jederzeit nachdüngen; sich von einer Überdüngung zu erholen ist für die Pflanze viel schwieriger.

Alle Pflanzendünger bestehen aus einer Kombination aus Makro- und Mikronährstoffen, die entweder auf chemischem Weg hergestellt oder aus organischen Substanzen gewonnen werden. Entscheiden Sie sich für einen qualitativ hochwertigen organischen Dünger. Solche Dünger verbessern die Gesundheit der Blumenerde, und man muss sie den Pflanzen nicht so oft verabreichen, was das Risiko einer Überdüngung reduziert.

Am gebräuchlichsten sind Flüssig- und Granulatdünger (Langzeitdünger). Flüssigdünger wird in Wasser verdünnt und direkt in die Blumenerde gegeben; man kann ihn den Pflanzen also einfach zusammen mit dem Gießwasser verabreichen. Je nach Pflanzenarzt ist eine 14-tägige oder monatliche Anwendung optimal. In flüssiger Form wird der Dünger schnell und leicht absorbiert, hält aber dafür nicht so lange vor wie in Granulatform. Granulatdünger streut man auf die Erde; er setzt seine Nährstoffe langsam frei, sodass Sie nicht so schnell positive Ergebnisse sehen werden. Andererseits muss man die Pflanzen dann aber viel seltener düngen – die ideale Strategie für viel beschäftigte Gärtner. Wenn Sie Granulatdünger ausbringen, müssen Sie die Erde mit einer Gabel oder einem Spaten auflockern und zur Aktivierung des Düngers gründlich gießen.

Pflege

Die Pflege – einschließlich des Beschneidens – leistet einen wichtigen Beitrag, damit unsere Pflanzen sich wohlfühlen und gesund bleiben. Seien wir ehrlich: Wir alle fühlen uns nach einem guten Haarschnitt wie neugeboren – und Zimmerpflanzen ergeht es in dieser Hinsicht nicht viel anders. Wenn Sie regelmäßig nach Ihren Pflanzen schauen, ihre Blätter sauber und staubfrei halten und abgestorbene Blätter entfernen, tragen Sie zur Abwehr von Schädlingen und Krankheiten bei, für die geschwächte Pflanzen leider besonders anfällig sind.

Zimmerpflanzen sind sehr dankbar dafür, wenn Sie ihre Blätter alle zwei Wochen mit einem feuchten Tuch oder einer weichen Ziegenhaarbürste abwischen. Allmonatliches Abspülen unter der Dusche trägt dazu bei, hartnäckigen Staub zu entfernen; außerdem hat es den Vorteil, dass die Pflanzen bei dieser Gelegenheit gründlich gegossen werden. Bei Pflanzen im Freien sollten Sie darauf achten, dass sie keine »nassen Füße« bekommen: Leeren Sie die Untersetzer jedes Mal, wenn sie bei Regen volllaufen!

Wer sich regelmäßig um seine Pflanzen kümmert, kann Probleme am leichtesten erkennen, bevor sie sich verschlimmern. Halten Sie beim Gießen Ausschau nach Schädlingen. Diese Tierchen neigen dazu, sich in den kleinsten Winkeln und Ritzen zu verstecken, also schauen Sie genau hin! Wenn Sie etwas Besorgniserregendes entdecken, isolieren Sie die betroffene Pflanze so lange, bis Sie das Problem in den Griff bekommen haben, damit sich die Schädlinge nicht auf andere Pflanzen ausbreiten.

Auch wenn es Ihnen manchmal so vorkommt, als würden Sie mit Ihren Pflanzen nur der heimischen Tierwelt Nahrung bieten – denken Sie daran, dass diese Tiere ein wichtiger Bestandteil des Ökosystems sind. Bevor sie zu wunderschönen Schmetterlingen werden, müssen Raupen sich von Blättern ernähren. Eichhörnchen und Siebenschläfer sammeln auf Ihrem Balkon vielleicht Futter für ihre Jungen, und Blattläuse sind eine wichtige Nahrungsquelle für Marienkäfer.

Sie können Raupen und Schnecken von Ihrem Balkon entfernen und woanders hinsetzen oder sie in Bierfallen fangen. Manche Gärtner schwören auch auf Kupferklebeband, das rund um Pflanzbehälter geklebt werden kann und als Barriere für die Schädlinge dient. Bei kleineren Schädlingen wie beispielsweise Blattläusen und Schmierläusen wischen Sie die Blätter mit Seifenwasser ab, um möglichst viele von den Tierchen zu entfernen. Dann tragen Sie ein Öko-Öl oder verdünntes Pflanzenöl auf, das die meisten der noch verbliebenen Schädlinge ersticken dürfte. Wiederholen Sie diesen Vorgang jede Woche, um den Lebenszyklus der Schädlinge zu unterbrechen und sicherzugehen, dass keine überleben.

Wir arbeiten im Garten und auf dem Balkon seit einiger Zeit mit Opferpflanzen: Das heißt, wir lassen die Blattläuse ungestört an einer saftigen Pflanze saugen in der Hoffnung, dass sie die anderen dann in Ruhe lassen. Verzichten Sie auf giftige Pestizide, da sie wichtige bestäubende Insekten abtöten und außerdem in unsere Wassersysteme gelangen können.

Regelmäßiges Zurückschneiden kann eine sehr wichtige Strategie sein, dank der die Pflanzen ihr dichtes Blattwerk behalten. Ebenso kann das Entfernen verblühter Stiele die Blütezeit verlängern, weil die Pflanzen dann ihre ganze Energie in neues Blütenwachstum investieren können, statt einen Teil ihrer Kraft in die Samenproduktion zu stecken. Aber denken Sie daran, dafür eine saubere, scharfe Gartenschere zu verwenden und die Stiele an der Basis abzuschneiden! Bei manchen Pflanzen lassen sich abgestorbene Blätter oder Blüten sogar durch Drehen und anschließendes Ziehen oder Drücken entfernen. So entsteht ein sauberer Schnitt, und die Gefahr, dass die Pflanze sich nach diesem Eingriff mit einer Krankheit infiziert, nimmt ab.

Schnittblumen

Auch wenn wir unsere Blumen im Topf oder Kübel am schönsten finden, ist es doch ein besonderes Vergnügen, aus den Blumen des eigenen Zimmer- oder Balkongartens einen kleinen Strauß zusammenzustellen und in eine Vase zu stecken. Außerdem hat das den Vorteil, dass Ihre Pflanze dann mehr Energie in die Ausbildung weiterer Blüten stecken kann; zusätzlich regt es ein kräftiges Blattwachstum an.

Die Lebensdauer Ihrer Schnittblumen in der Vase hängt davon ab, wie Sie sie abschneiden und vorbehandeln. Hier ein paar einfache Tipps, um Schnittblumen länger frisch zu halten:

- Schneiden Sie sie immer mit einer scharfen, sauberen Gartenschere ab.
- Schneiden Sie Garten- oder Balkonblumen lieber in den kühleren Morgenstunden als mitten am Tag.
- Schneiden Sie sie an der Stängelbasis ab, damit keine unansehnlichen kahlen Stiele zurückbleiben, durch die es auch zu Fäulnisproblemen kommen kann.
- Achten Sie darauf, dass die Vase, die Sie für Ihre Blumen verwenden, ganz sauber ist.
- Füllen Sie sie großzügig mit zimmerwarmem Wasser.
- Entfernen Sie alle Blätter, die unterhalb der Wasserlinie liegen.
- Schneiden Sie die Stiele an der Schnittkante noch einmal an und stellen Sie die Blumen dann sofort ins Wasser.
- Geben Sie ungefähr jeden Tag frisches Wasser in die Vase und nutzen Sie diese Gelegenheit, um die Stiele neu anzuschneiden, damit das Wasser weiterhin ungehindert nach oben fließen kann.

Ein üppiger Blumenstrauß sieht toll aus, wenn man die Blumen zwanglos in einer großen Vase anordnet. Achten Sie darauf, dass die Stiele unterschiedlich lang sind. Was die Vasen angeht, finden wir handgefertigte Keramik und schwere Glasgefäße besonders schön. Wenn Sie nur ein paar besonders schöne Blumen haben, kommen diese in Knospenvasen hervorragend zur Geltung. Experimentieren Sie ruhig ein bisschen und lassen Sie Ihrer Kreativität freien Lauf!

Und wenn die Blumen abgeblüht sind, entsorgen Sie sie auf umweltfreundliche Art. Geben Sie sie entweder in den Kompost oder in die braune Tonne!

Blütenpflanzen von Januar bis Dezember

Pflanzen investieren eine Menge Energie und Ressourcen in die Bildung von Blüten. Daher ist es nur logisch, dass sie ihre Blüten zu einer Jahreszeit hervorbringen, in der optimale Bedingungen für eine erfolgreiche Fortpflanzung herrschen. Vom Frühjahr, wenn die Natur nach dem Winterschlaf wieder zum Leben erwacht, über die intensive Sommerhitze und den erholsameren, aber immer noch prächtigen Herbst bis zu den ruhigen, stillen Wintermonaten – rund ums Jahr gibt es eine große Auswahl an Blütenpflanzen, an denen wir uns erfreuen können.

Viele Pflanzen blühen über mehrere Jahreszeiten hinweg. Daher haben wir uns bei unseren vier Kapiteln – Frühling, Sommer, Herbst und Winter – daran orientiert, wann die Blüte der jeweiligen Pflanzenart ihren Höhepunkt erreicht.

Bei einigen unserer Pflanzenprofile geht es um bestimmte Arten, während wir bei anderen die gesamte Gattung vorstellen.

Nutzen Sie diese Profile als Leitfaden für die Gestaltung eines Zimmer- oder Balkongartens, der Ihnen mit seinen Blüten unendliche Freude bereiten wird. Sie sollen Ihnen als Ausgangspunkt für Ihre ganz persönliche Entdeckungsreise in die Welt der Pflanzen dienen, die Sie besonders faszinierend finden.

Pflegeanleitungen

Licht gefiltert (sanftes, direktes Licht am Vormittag, indirektes Licht am Nachmittag) / direkt (viel direkte Sonneneinstrahlung durch ein Fenster) / Vollschatten (im Freien, ohne direkte Sonneneinstrahlung) / Halbschatten (im Freien, teils schattiger, teils sonniger Standort oder zeitweiliges Sonnenlicht) / volle Sonne (sechs bis neun Stunden lang direkte Sonneneinstrahlung)

Gießen wenig (ungefähr einmal im Monat) / mäßig (ungefähr einmal pro Woche) / viel (ungefähr zwei- bis dreimal pro Woche)

Erde gut durchlässig / feuchtigkeitsspeichernd / grobkörnig + sandig / artenspezifisch

Standort Wohnung / Balkon

Winterhart ja / nein

Erfahrung Anfänger / grüner Daumen / Experte

Das Frühjahr ist eine Zeit des Überflusses; es sorgt für ein wahres Feuerwerk an Farben, Düften und verschiedensten Oberflächenstrukturen. Zwiebelpflanzen sprießen aus der Erde, und selbst die kleinsten Bäume verwandeln sich in ein Blütenmeer. Sobald die Temperaturen steigen und die Tage länger werden, sollten Sie sich besonders aufmerksam um Ihre Pflanzen kümmern – topfen Sie sie um, düngen Sie sie regelmäßig und achten Sie genau darauf, wie viel Wasser sie brauchen. Und dann lehnen Sie sich zurück und genießen Sie die farbenfrohe Belohnung für Ihre Mühe!

Frühling

Der lateinische Name *Anthurium* geht auf die griechischen Wörter *anthos* und *oura* zurück, die zusammen »Blumenschwanz« bedeuten und sich auf den schwanzähnlichen Blütenkolben beziehen. Die lang anhaltende »Blüte« in leuchtendem Rot, Weiß, Rosa und Hellgrün bis Violett bringt monatelang Farbe in Ihren Zimmer- oder Balkongarten.

Diese tropische Schönheit stammt eigentlich aus den Anden in Kolumbien und Ecuador, verträgt Kälte aber trotzdem erstaunlich gut. Am besten gedeiht die Anthurie (auch Flamingoblume genannt) an einem hellen Plätzchen im Haus oder einem geschützten Standort auf dem Balkon. Wenn Sie die Pflanze regelmäßig besprühen oder auf eine Kieselschale stellen, bekommt sie genau die Feuchtigkeit, die sie braucht. Halten Sie sie von direkter Sonneneinstrahlung fern, da ihre Blätter sonst verbrennen.

Sobald die Blüten abzusterben beginnen, sollten Sie sie relativ schnell entfernen, damit die Pflanze sich auf das Austreiben neuer Blüten konzentrieren kann. Eine winterliche Ruhepause mit selteneren Gießen kann die Blütenbildung fördern, wenn es im Frühjahr wieder wärmer wird.

Anthurium andraeanum

Dank ihren weit geöffneten, herzförmigen »Blüten« gilt die Anthurie als Symbol der Gastfreundschaft. Wie bei anderen Aronstabgewächsen ist ihre Blüte in Wirklichkeit ein umgestaltetes, farbiges Blatt, das den in der Mitte sitzenden Blütenstand umhüllt.

Anthurie

BLÜTEZEIT Frühjahr bis Sommer, manchmal das ganze Jahr über

FAMILIE Aronstabgewächse

LICHT gefiltert / Halbschatten bis Vollschatten

GIESSEN mäßig

ERDE gut durchlässig

STANDORT Wohnung / Balkon

WINTERHART nein

ERFAHRUNG Anfänger

BLÜTEZEIT Frühjahr bis Herbst
FAMILIE Aronstabgewächse
LICHT gefiltert
GIESSEN mäßig
ERDE gut durchlässig
STANDORT Wohnung
WINTERHART nein
ERFAHRUNG Anfänger

SPATHIPHYLLUM WALLISII IN EINEM TOPF VON ASOBIMASU AUS TON

Einblatt

Wenn wir an blühende Zimmerpflanzen denken, ist das bescheidene Einblatt wahrscheinlich eine der ersten, die uns in den Sinn kommt. Diese klassische Zimmerpflanze, die fast das ganze Jahr über elegante weiße Blüten hervorbringt (ein aparter Kontrast zu ihren sattgrünen Blättern), gedeiht auch ohne viel Pflege gut.

Spathiphyllum

Manchmal bezeichnet man das Einblatt auch als »Schrankpflanze«, weil sie mit relativ wenig Licht auskommt. Tatsächlich überlebt *Spathiphyllum* sogar an dunkleren Standorten; aber wahrscheinlich wird die Pflanze dort nicht blühen. Ein Platz mit viel hellem, indirektem Licht ist die beste Voraussetzung dafür, dass dieser fleißige Blüher sich rundum wohlfühlt.

Wie bei allen Aronstabgewächsen sitzen die Blüten des Einblatts an einem Blütenkolben. Was viele für die Blüte halten, ist in Wirklichkeit ein Hochblatt – eine sogenannte Blütenscheide, die den Blütenstand umhüllt.

Das Einblatt bildet erst dann Blüten aus, wenn es seine Reife erreicht hat, was bis zu einem Jahr dauern kann. Viele Pflanzen, die auf dem Markt angeboten werden, blühen schon, obwohl sie noch nicht ausgewachsen sind. Das liegt daran, dass manche Gärtnereien jüngere Pflanzen durch Behandlung mit Gibberellinsäure vorzeitig zum Blühen bringen. (Dabei handelt es sich um ein natürlich vorkommendes Hormon, das die Zellteilung anregt sowie Blüte und Fruchtbildung fördern kann.)

Sobald die Pflanze ausgereift ist, bringt man sie am ehesten zum Blühen, indem man sie mit gut durchlässiger Blumenerde versorgt und ihr im Frühjahr und Sommer regelmäßig organischen Flüssigdünger verabreicht. Zum Glück sind aber auch die auffallenden gerippten Blätter eine Augenweide und können Ihnen die Wartezeit auf die ersten Blüten verkürzen.

Die bescheidene Kornblume wird (zusätzlich zu dem auffallenden Kornblumenblau, für das sie am bekanntesten ist) in reizvollen burgunderroten, roten, rosa, weißen und violetten Farbtönen gezüchtet. Ursprünglich ein Ackerunkraut, gehört die Kornblume trotz dieser bescheidenen Anfänge mittlerweile zu den beliebtesten Bestandteilen von Blumenarrangements. Ob in einer Vase oder dicht in Töpfen nebeneinandergepflanzt – die Blüten nehmen sich zwischen anderen Feldblumen wie Mohn, Cosmea, Sonnenhut, Mädchenauge, Kalifornischem Mohn und Echinacea wunderschön aus. Die essbaren Blütenblätter eignen sich dank ihren leuchtenden Farben auch sehr gut als Dekoration für Torten oder Eiscreme.

Kornblumen können bis zu 90 cm hoch werden, und ihre relativ schwachen Stiele müssen möglicherweise abgestützt werden. Sobald die Pflanze sich eingewöhnt hat, verträgt sie auch trockenere Blumenerde; doch regelmäßiges Gießen fördert eine reiche Blüte. Entfernen Sie abgeblühte Stiele regelmäßig; nur gegen Ende der Wachstumszeit sollten Sie ein paar Blüten stehen lassen, sodass sie Samen ausbilden. Dann können sich Ihre Kornblumen entweder selbst im Garten aussäen, oder Sie bewahren die Samen auf, um im nächsten Frühjahr erneut Kornblumen heranzuziehen – oder damit zumindest den Vögeln eine kleine Freude zu machen.

Centaurea cyanus

Centaurea cyanus **(umgangssprachlich als Kornblume bezeichnet, da sie häufig in Mais- und anderen Getreidefeldern wächst) bringt Blüten mit vielen zarten Blütenblättern – meist in auffallendem Königsblau – hervor.**

Kornblume

BLÜTEZEIT spätes Frühjahr bis Frühherbst

FAMILIE Korbblütler

LICHT volle Sonne

GIESSEN mäßig

ERDE feuchtigkeitsspeichernd / gut durchlässig

STANDORT Balkon

WINTERHART ja

ERFAHRUNG Anfänger

BLÜTEZEIT Frühjahr bis Herbst
FAMILIE Korbblütler
LICHT volle Sonne
GIESSEN mäßig
ERDE gut durchlässig
STANDORT Balkon
WINTERHART nein
ERFAHRUNG Anfänger

COSMOS ATROSANGUINEUS

Cosmea

Die Cosmea ist eine der pflegeleichtesten einjährigen Pflanzen; es gibt sie in unzähligen verschiedenen Blütenfarben und Wuchsformen. Zu unseren Favoriten gehören die himmlisch duftende »Schokoladen-Kosmee« *(Cosmos atrosanguineus)* mit ihren tiefburgunderroten samtigen Blüten und das hübsche Fiederblättrige Schmuckkörbchen *(Cosmos bipinnatus* ›Cupcake Blush‹) mit seinen duftig und filigran wirkenden Blüten. Trotz ihrer kulinarisch klingenden Namen sind diese Pflanzen giftig.

Cosmos

Kosmeen werden oft aus kleinen Sämlingen oder Samen gezogen ((wenn Sie in den USA oder Kanada wohnen, finden Sie die schönsten Sorten bei Floret Flowers). Pflanzen Sie sie im zeitigen Frühjahr aus, sobald die Frostgefahr vorüber ist. Sie wachsen schnell, und ein Rückschnitt tut ihnen ausgesprochen gut. Wenn Sie den Schnitt knapp oberhalb eines Blattknotens ansetzen, wird die Pflanze an dieser Stelle wahrscheinlich längere Stiele austreiben und mehr Blüten bilden. Doch egal, ob man sie zurückschneidet oder nicht: Kosmeen neigen zum Wuchern und müssen daher eventuell mit einem Stab abgestützt oder zwischen Stützpflanzen gesetzt werden. Wenn Sie wenig Platz auf Ihrem Balkon haben, halten Sie nach Zwergsorten Ausschau.

Je öfter Sie die Blütenstiele dieser dankbaren Pflanze abschneiden, umso mehr Blüten wird sie hervorbringen. Entfernen Sie die abgeblühten Stiele also entweder sofort oder schneiden Sie immer wieder ein paar Triebe ab, die gerade zu blühen beginnen, und stellen Sie sie in eine Vase. Düngen Sie die Cosmea während der Wachstumszeit einmal im Monat. Im Spätherbst schneiden Sie die Pflanzen zurück und bringen sie den Winter über im Haus unter (falls Sie in einer kälteren Klimazone leben), damit sie nicht erfrieren.

Slow Flowers / Petrina Burrill

Petrina Burrill ist eine leidenschaftliche Verfechterin des »Slow Gardening«-Prinzips und gestaltet schon seit Jahren Blumengärten. Außerdem ist sie Floristin und stellt wunderschöne handverlesene Sträuße aus ihrem eigenen Garten zusammen.

Für Petrina bedeutet Gartenarbeit wahres Glück – Pflanzen sind ihre große Leidenschaft. Auf ihrer Instagram-Seite @petrinablooms (es lohnt sich, ihr zu folgen!) berichtet sie von ihren Abenteuern mit Blumen; ihrer ansteckenden Lebensfreude kann sich kaum jemand entziehen.

WANN HABEN SIE IHRE LIEBE ZU PFLANZEN ENTDECKT?

Meine erste Erinnerung an Pflanzen und an einen Garten reicht ziemlich weit zurück: Damals war ich vier Jahre alt und lief durch die Gartenbeete meiner Urgroßmutter, in denen Rittersporn und Akeleien wuchsen. Ich weiß noch genau, wie ich damals zum Himmel emporschaute und auf allen Seiten von Blumen umgeben war. Um mich herum flatterten Schmetterlinge, und ich genoss den Duft von Gartenrosen ... Damals hatte ich das Gefühl, eine Märchenwelt betreten zu haben. Der Sohn meiner Urgroßmutter verwaltete später die Shire Gardens in Mathoura (das in einer ländlichen Gegend von New South Wales liegt) und gab die Liebe zur Gartenarbeit an meine Mutter weiter. Zu jeder Mahlzeit stand eine kleine Vase mit Blumen auf dem Tisch, oder Stecklinge bewurzelten sich in Gläsern mit Wasser. Meine Mutter düngte Zimmerpflanzen immer mit ihren Teeblättern. Sie brachte uns von klein auf bei, die Natur zu lieben.

OBEN: FRISCH GESCHNITTENE MOHNBLUMEN; RECHTS: PETRINA IN IHREM ELEMENT – BEIM SCHNEIDEN VON ROSEN IM ÜPPIGEN DSCHUNGEL IHRES BLUMENGARTENS

Als Sechstklässlerin schrieb ich in mein Tagebuch: »Wenn ich einmal groß bin, möchte ich Floristin oder Gärtnerin werden.« Wir hatten immer das ganze Haus voller Blumen und anderer Pflanzen.

WIE LANGE ARBEITEN SIE SCHON AN DER GESTALTUNG IHRES JETZIGEN GARTENS?

Dieser Garten existiert bereits seit zehn Jahren und entwickelt sich ständig weiter – eine versteckte blühende Oase voller Farbe und Lebensfreude mitten in der Innenstadt. Jeden Herbst setze ich ungefähr 8000 Zwiebeln und Knollen. Ich habe einen von einer 50 Jahre alten Glyzine überwucherten Raum im Freien, den ich als Atelier für meine Blumenarrangements nutze. Sie teilt sich die Pergola mit Wildem Wein – die beiden Pflanzen passen sehr gut zueinander. Außerdem bin ich eine begeisterte Rosensammlerin; am meisten liebe ich Rosen von David Austin. Ich besitze über 120 Rosenstöcke – meine Freunde fragen mich oft, was denn mein Flemington Racecourse* gerade macht. Die Einfriedung meines Gartens besteht aus alten Bäumen. Mein Favorit ist eine 30 Jahre alte *Gleditsia* ›Sunburst‹ mit anmutigen, bis zum Boden herabhängenden Zweigen. Wenn man sie beiseiteschiebt, betritt man einen weiteren grünen Raum.

Als nächstes Projekt habe ich vor, die Umrandung meiner Holzveranda zu vervollständigen, die aus Weinfässern mit blühenden Kirschbäumen besteht. Bisher habe ich nur vier Fässer; aber ich wünsche mir eine lückenlose Einfriedung, daher möchte ich rund um die Veranda weitere Fässer aufstellen, um im Frühjahr ein Blütenzimmer zu haben. Ich finde, Gärten sollten aus verschiedenen Räumen bestehen.

ERZÄHLEN SIE UNS ETWAS ÜBER DAS »SLOW FLOWER«-KONZEPT.

Die »Slow Flower«-Bewegung ist meine Art des Gärtnerns. Sie kommt ohne schädliche chemische Substanzen aus und ist das Beste, was es gibt – so hat meine Urgroßmutter früher gegärtnert. Also genau das Gegenteil von schnell herangezogenen Blumen – Massenprodukten, mit synthetischen Pestiziden und Herbiziden besprüht, in künstlicher Umgebung gezogen, um das Wachstum zu beschleunigen, die schließlich in Flugzeugkühlschränken rund um die Welt geflogen werden, damit man sie möglichst schnell auf den Großmärkten verkaufen kann.

* BEIM FLEMINGTON RACECOURSE HANDELT ES SICH UM EINE MISCHUNG AUS GROSSER PFERDEBAHN UND ROSENPARK IN MELBOURNE.

RECHTS: TÖPFE – BIS ZUM RAND MIT BUNTEN BLUMEN GEFÜLLT – RAHMEN PETRINAS VERANDA EIN.

Slow Flowers werden mit Liebe, Geduld und Freundlichkeit kultiviert. Hier steht unser kostbarer Planet an erster Stelle. Es ist sehr wichtig, sich zu fragen, woher Pflanzen und Blumen stammen.

SIE HABEN EIN ECHTES TALENT FÜR DIE GESTALTUNG SCHÖNER, REICH BLÜHENDER GÄRTEN. WORIN BESTEHT IHR ERFOLGSREZEPT FÜR DIE ANLAGE EINES CONTAINERGARTENS?

Die meisten Pflanzen lassen sich in Töpfen und Kübeln kultivieren. Mein letztes Haus hatte einen kleinen Hof; also habe ich Töpfe mit Tulpen und Narzissen hineingestellt. Hier habe ich eine große Holzveranda. Sie ist sehr praktisch, wirkte am Anfang aber noch ziemlich kahl. Also habe ich blühende Bäume und japanische Ahorne in Weinfässer gesetzt und meine Veranda dadurch etwas wohnlicher gestaltet. Außerdem erwachen hier im Frühjahr in kleineren Töpfen tausend Zwiebelpflanzen zum Leben: Tulpen, Hahnenfuß, Narzissen. Gute Blumenerde, ein bisschen Sonne, Wasser und Luft – und schon wachsen und gedeihen sie nach Herzenslust. Ich schaue meinen Blumenzwiebeln gern dabei zu, wie sie pünktlich jedes Frühjahr aus dem Winterschlaf erwachen. Pflanzen wissen genau, was sie zu tun haben.

UND WIE ERZIELT MAN EINE MÖGLICHST REICHE BLÜTE?

Wenn Sie mögen, können Sie ein bisschen Algenextrakt ins Gießwasser geben. Ich versuche, jedes Jahr neue Zwiebeln zu kaufen – am besten von Farmen. Die alten Zwiebeln verschenke ich, pflanze sie in öffentliche Bereiche oder lege einfach Feengärten an, an denen sich die Leute erfreuen können. Zum Gärtnern braucht man Fantasie.

Meine kleine Tochter hilft mir, unseren Feengarten vor dem Gartentor in Schuss zu halten, in dem wir zwischen Töpfen, Grünpflanzen und Blumen kleine Porzellanfeen versteckt haben. Immer wieder bleiben Kinder stehen und bestaunen dieses Wunderwerk.

MIT WELCHEN BLÜHENDEN TOPFPFLANZEN KANN MAN ZU JEDER JAHRESZEIT EIN BISSCHEN FARBE IN DEN GARTEN BRINGEN?

Im Sommer blühen in meinen Töpfen und Kübeln auf der Veranda Fingerhüte, Malven, Gardenien, Gartenrosen und Kosmeen. Sie lassen sich problemlos aus Samen ziehen, die ich im Frühjahr aussäe. Es ist wunderschön, zu beobachten, wie Bienen und Libellen von Blüte zu Blüte tanzen.

Der Herbst ist meine Lieblingsjahreszeit im Garten. Dann bearbeite ich die Beete und Töpfe und grabe meine Blumenzwiebeln aus, um sie zu überwintern. Um diese Jahreszeit haben Dahlien, Kosmeen und Fuchsschwänze, die ich im November gepflanzt habe, ihren großen Auftritt. Sie gedeihen hervorragend in Töpfen – genau wie meine Rosen. Ich liebe die herrlichen Farben, in denen meine Herbstrosen erstrahlen – ein letzter Freudenschrei, bevor sie in den Winterschlaf gehen.

Im Winter blühen bei mir Herbst-Anemonen, die ersten Narzissen, Seidelbast und Kamelien in Töpfen. Der Winter ist eine sehr arbeitsreiche Zeit für den Hobbygärtner. Bei mir brennt um diese Jahreszeit drinnen und draußen ein offenes Feuer, und es gibt immer etwas zu tun. Ich schneide Seidelbast und Herbst-Anemonen und stelle sie in Vasen – das sind für mich die ersten Vorboten eines Gartens, der in den kommenden Wochen zum Leben erwachen wird.

Und im Frühjahr verwandelt sich mein Garten in ein echtes Blütenmeer! Kirschblüten, Tulpen, Anemonen, Hahnenfuß und junge Ahornblätter überziehen meine Veranda und meine Gartenbeete mit einem lückenlosen Teppich – und meine Glyzine »beregnet« das Ganze von oben mit ihrem lilafarbenen Schleier. Ein wahres Feuerwerk an leuchtender Farbenpracht! Alle Pflanzen sind jetzt aus dem Winterschlaf erwacht und bereiten mir viel Freude.

OBEN: EIN KORB MIT FRISCH GESCHNITTENEN ROSEN AUF DEM VORDERSITZ VON PETRINAS AP6 VALIANT AUS DEM JAHR 1966; RECHTS: PETRINA INMITTEN DER ÜPPIGEN BLÜTENPRACHT IHRER ROSENSTRÄUCHER

WIE KÖNNEN WIR UNSERE GÄRTEN NACHHALTIGER GESTALTEN?

Egal ob Gemüse oder Blumen – sich selbst zu versorgen ist etwas Wunderbares. Wenn Sie Ihre Blumen selbst kultivieren, brauchen Sie sie nicht mehr zu kaufen und tun der Umwelt in vielerlei Hinsicht etwas Gutes. Ich rate den Leuten immer, klein anzufangen – nur mit ein paar Töpfen – und einfach das anzupflanzen, was Ihnen gefällt: Schon ein kleiner Topf mit Tulpen hebt die Stimmung und hält sich im Haus wochenlang.

Hobbygärtner sind sehr freigebig und stets zum Teilen bereit. Viele meiner Pflanzen waren ursprünglich Stecklinge aus Gärten von Freunden. Ein Vorteil des Containergärtnerns besteht darin, dass man die Pflanzbehälter leicht in die Sonne schieben oder an einen anderen, geschützteren Ort stellen kann. Deshalb lässt sich ein Containergarten in vielerlei Hinsicht leichter pflegen.

LINKS: SPANISCHE GÄNSEBLÜMCHEN IN EINEM TERRAKOTTATOPF; MITTE: FRISCH GESCHNITTENE ROSEN; RECHTS: DIE KATZE BUTTONS FREUT SICH GENAUSO SEHR ÜBER DIE BLÜTENPRACHT WIE IHR FRAUCHEN.

»Die ›Slow Flower‹-Bewegung ist meine Art des Gärtnerns. Sie kommt ohne schädliche chemische Substanzen aus und ist das Beste, was es gibt – so hat meine Urgroßmutter früher gegärtnert.«

WAS HABEN SIE AUS DER GARTENARBEIT ÜBER DAS LEBEN GELERNT?

Gärten sind die besten Metaphern für das Leben: Alles kommt und geht; alles hat seine Zeit, seinen Ort und seinen Zweck. Das Schöne an Gärten ist, dass es sie überall auf der Welt gibt, und zwar schon seit Jahrtausenden. Sie erinnern uns daran, dass wir niemals wissen können, ob es ein Morgen geben wird. Blumen und Gärten lehren mich, in der Gegenwart zu leben und dankbar dafür zu sein. Außerdem wecken sie Erinnerungen: Maiglöckchen erinnern mich zum Beispiel daran, wie ich als Fünfjährige an einem warmen Frühlingstag im Garten meiner Großmutter stand. Eine duftende Blume strahlt eine intensive, fast schon überwältigende Schönheit aus.

Gartenarbeit ist eine Beschäftigung, bei der man ins Träumen gerät; sie entführt uns in eine himmlische, beglückende Welt – an einen Ort, wo die Zeit stehen bleibt und die Tagträumerei beginnt. Da ich gern reise, habe ich den größten Teil meines Lebens damit zugebracht, von fernen Orten zu träumen. Als Gärtnerin habe ich nun einen Raum geschaffen, dessen Blumen und Pflanzen mich und meine Mitmenschen in solche fernen Welten versetzen. Außerdem rückt die Gartenarbeit das Leben in eine realistischere Perspektive. Sie ist etwas Echtes – man ist im Jetzt und Hier bei Mutter Natur. Nichts macht mich glücklicher, als zu sehen, welche Freude mein Garten anderen Menschen bereitet.

ALS EHEMALIGE FLUGBEGLEITERIN HABEN SIE SICHERLICH VIELE LÄNDER DER WELT KENNENGELERNT. WO FINDET MAN IHRER MEINUNG NACH DIE SCHÖNSTEN PFLANZEN?

Bei internationalen Zwischenlandungen habe ich in jeder Stadt schöne Gärten und Blumenläden entdeckt. Ich liebe die Kew Gardens in London und den Jardin Majorelle in Marrakesch. In den Vereinigten Arabischen Emiraten nannten die Zollbeamten mich »Blumenmädchen«, weil ich immer mit Blumen nach Dubai zurückkehrte, die aus meinem Gepäckwagen herausquollen. Der Duft von Flieder erinnert mich daran, dass diese Pflanze in den Straßen Münchens wild wuchs – ich pflückte ganze Arme voll davon und brachte sie Freunden mit. Der Anblick der blühenden Hartriegel im Yosemite-Nationalpark im Mai war spektakulär. In Zürich entdeckte ich Pfingstrosen in Hinterhöfen; und die Wildblumen, die im April auf Kreta blühen, werde ich nie vergessen. Zu fast jeder Blume, die ich auf meinen Reisen entdeckte, gibt es eine Geschichte. Blumen sind etwas sehr Persönliches. Fast jeder Mensch kann eine Geschichte darüber erzählen, was eine bestimmte Blume für ihn bedeutet und warum.

WALLISIA CYANEA, PANASCHIERT

Wallisia cyanea

Blaue Tillandsie

Klein, aber oho – so könnte man *Wallisia cyanea* (Syn.: *Tillandsia cyanea*) beschreiben. Sie ist viel kleinwüchsiger als andere Bromelien; doch was ihr an Statur fehlt, das macht sie mit ihren ungeheuer leuchtenden Hochblättern und filigranen Blüten wett.

BLÜTEZEIT Frühjahr bis Sommer

FAMILIE Bromeliengewächse

LICHT gefiltert

GIESSEN mäßig

ERDE gut durchlässig (oder gar keine Erde!)

STANDORT Wohnung

WINTERHART nein

ERFAHRUNG Anfänger

Die auffallenden rosafarbenen Hochblätter, die so ähnlich aussehen wie Federkiele, halten sich mehrere Monate lang. Im Frühjahr und Sommer öffnen sich an den Rändern dieser Hochblätter hübsche kleine violette Blüten. Diese Einzelblüten halten sich jeweils nur ein paar Tage lang und sterben dann ab.

Es dauert mindestens ein paar Jahre, bis die Blaue Tillandsie reif und blühfähig ist; doch viele dieser Pflanzen werden erst im ausgewachsenen Zustand verkauft. Sorgen Sie dafür, dass die Pflanze viel helles, indirektes Licht erhält, um die Blüte zu fördern, aber denken Sie daran, sie vor direkter Nachmittagssonne zu schützen.

Im Gegensatz zu den meisten anderen *Wallisia*-Arten gedeiht *Wallisia cyanea* sowohl mit als auch ohne Topf, sodass Sie verschiedene Möglichkeiten haben, diese dekorative Pflanze zu präsentieren. Im Topf braucht sie eine spezielle Epiphytenerde. Durch Zugabe von Orchideenrinde oder Kokoschips entsteht ein besonders gut durchlässiges Substrat. Wenn Sie die Variante ohne Topf bevorzugen, dann hängen Sie Ihre Blaue Tillandsie auf oder stellen Sie sie in eine Schale mit Fuß. Zum Bewässern müssen Sie dann die ganze Pflanze eine Stunde lang in destilliertes Wasser tauchen, anschließend umdrehen und gründlich abtropfen lassen, um sicherzugehen, dass keine Feuchtigkeit in dem Trichter in der Mitte der Pflanze zurückbleibt.

Diese Pflanze lässt sich sehr leicht aus Kindeln vermehren. Das ist auch gut so, denn mit dem Absterben des Hochblatts, das sich allmählich von Rosa zu Grün verfärbt, beginnt auch die Pflanze langsam einzugehen. Die Jungpflanzen bilden sich an der Basis der Mutterpflanze. Sobald die Mutterpflanze eingeht, können Sie die abgestorbenen Blätter entfernen oder die Kindel einfach abschneiden.

Es kann zwar vier Jahre dauern, bis Ihre Echeverie die erste Blüte hervorbringt; aber wenn sie einmal geblüht hat, dürfte sie Ihre Pflege anschließend jedes Jahr mit weiteren Blüten belohnen. Viele der ursprünglich 150 Arten wurden gekreuzt, und man hat über 1000 Sorten daraus gezüchtet, sodass Ihnen eine große Auswahl an verschiedenen Echeverien zur Verfügung steht.

Die Blütenstiele, die in der Nähe der Rosettenmitte hervorsprießen, können bis zu 30 cm lang werden. An der Spitze jedes Stiels sitzen bis zu zwölf Blütenbüschel in leuchtendem Gelb, Orange, Weiß, Rosa oder Rot. Die meisten *Echeveria*-Arten blühen von Frühjahr bis Sommer.

Wie bei vielen anderen Sukkulenten sollten Sie darauf achten, dass die oberste Erdschicht abgetrocknet ist, bevor Sie die Pflanze erneut gießen. Außerdem sollten Sie das Wasser nicht in die Blattrosetten geben, da diese sonst faulen können. Verabreichen Sie Ihrer Echeverie einen Sukkulentendünger, wenn sie zu blühen beginnt, um ihr den Energieschub zu geben, den sie jetzt so dringend braucht. Echeverien lassen sich sehr leicht vermehren; man braucht nur vorsichtig ein Blatt zu entfernen und auf trockene Blumenerde zu legen.

Echeveria

Diese immergrüne Sukkulente, deren Blattrosette wie eine Blüte geformt ist, stammt ursprünglich aus den Gebirgsregionen Mittel- und Südamerikas und wirkt das ganze Jahr über dekorativ.

Echeverie

BLÜTEZEIT Frühjahr bis Sommer

FAMILIE Dickblattgewächse

LICHT volle Sonne

GIESSEN wenig bis mäßig

ERDE grobkörnig + sandig

STANDORT Balkon

WINTERHART hängt von der Art ab

ERFAHRUNG Anfänger

BLÜTEZEIT Frühjahr bis Herbst
FAMILIE Storchschnabelgewächse
LICHT Halbschatten bis volle Sonne
GIESSEN mäßig
ERDE feuchtigkeitsspeichernd / gut durchlässig
STANDORT Balkon
WINTERHART nein
ERFAHRUNG Anfänger

GERANIUM WALLICHIANUM × HIMALAYENSE ›ROZANNE‹

Storchschnabel

***Geranium* wird oft mit der Schwestergattung *Pelargonium* verwechselt. Doch um diese beiden Pflanzengattungen voneinander zu unterscheiden, braucht man nur einen Blick auf ihre Blüten zu werfen. *Geranium*-Arten haben fünf ähnlich aussehende Blütenblätter, die strahlenförmig von einem Punkt in der Mitte ausgehen, während *Pelargonium*-Arten oben zwei und unten drei Blütenblätter aufweisen.**

Geranium

Außerdem hat Geranium normalerweise kleinere, zartere Blätter. *Pelargonium* wird in der Umgangssprache als »Geranie« bezeichnet – darauf ist wohl die ganze Verwirrung zurückzuführen. Doch sobald Ihnen die Unterschiede zwischen diesen beiden Gattungen klar geworden sind, werden Sie sie garantiert nicht mehr miteinander verwechseln.

Den Namen »Storchschnabel« verdankt diese Blume dem Aussehen ihrer Samenkapseln. Die Blüten mit ihren zarten Blütenblättern erscheinen im Frühjahr, manche Arten blühen sogar noch im Herbst. Die meisten Arten sind winterhart, sodass die Blätter zwar vielleicht absterben, die Pflanze aber zu neuem Leben erwacht, sobald es wieder wärmer wird.

Es gibt über 400 verschiedene Geranium-Arten und viele Sorten; unsere Favoriten sind G. *phaeum* ›Springtime‹ mit seinen tief burgunderroten Blüten und panaschierten jungen Blättern, G. *pratense* ›Splish Splash‹ mit lebhaft weiß-violett gemusterten Blüten, G. *macrorrhizum* ›Ingwersen's variety‹ mit roten Knospen, blassrosa Blüten und duftenden Blättern und G. *wallichianum* × *himalayense* ›Rozanne‹ (siehe Foto). Die weiße Mitte dieser Blüten bildet einen auffallenden Kontrast zu den von einem Geflecht roter Äderchen durchzogenen leuchtend violetten Blütenblättern.

SINNINGIA BULLATA IN EINEM »LEAF AND THREAD«-TOPF

Sinningia bullata

Blasige Gloxinie

Mit ihren zerknittert wirkenden, lebhaft grünen Blättern und leuchtend rotorangefarbenen Blüten ist *Sinningia bullata* eine echte Augenweide. Auch die wollig behaarten Blattunterseiten und jungen Blüten machen diese Zimmerpflanze zu etwas ganz Besonderem.

BLÜTEZEIT das ganze Jahr über, vor allem im Frühjahr und Sommer

FAMILIE Gesneriengewächse

LICHT gefiltert / Halbschatten

GIESSEN mäßig

ERDE gut durchlässig

STANDORT Wohnung / Balkon

WINTERHART nein

ERFAHRUNG Anfänger

Diese winterharte Pflanze stammt von der Insel Santa Catarina im Süden Brasiliens, wo sie unter relativ rauen Klimabedingungen an steilen Felshängen wächst. Die enge Verwandte des Usambaraveilchens ist ziemlich robust und kommt mit sehr unterschiedlichen Wachstumsbedingungen zurecht. Sie verträgt auch kühlere Temperaturen und hält im Gegensatz zu anderen *Sinningia*-Knollenpflanzen keine Winterruhe, sondern bringt ihre wunderschönen Blätter und Blüten das ganze Jahr über hervor.

Zu wenig Licht kann dazu führen, dass die Pflanze lange Triebe und weniger Blüten bildet; daher sollten Sie ihr einen hellen Standort anbieten. Ein paar Stunden direkte Morgensonne, aber abgeschirmt von der prallen Nachmittagssonne, sind optimal, um die Blüte zu fördern, ohne dass die Blätter mit ihrer zarten Oberflächenstruktur verbrennen. Sollten die Blatttriebe doch einmal etwas zu lang geworden sein, verträgt die Pflanze einen kräftigen Rückschnitt: Schneiden Sie die vergeilten Triebe einfach ab, um einen buschigeren Wuchs zu erzielen.

Sinningia verträgt zwar Trockenheit, darf aber keine »nassen Füße« bekommen, daher sollte man ihr lieber nicht zu viel Wasser geben.

Kängurupfote

Anigozanthos

Wie der Name schon sagt, bildet diese in Australien beheimatete Pflanze pelzig behaarte, röhrenförmige Blüten, die an die Pfoten eines anderen berühmten »Aussies« erinnern: des Kängurus.

Die Kängurupfote hat neben ihren samtig behaarten Blüten in verschiedenen Farbtönen sehr auffallende Blätter und erfordert schon eine gewisse Pflege, aber die Mühe lohnt sich.

Während manche Sorten ziemlich alt werden (manchmal sogar über 20 Jahre), sind andere eher kurzlebig. Aufgrund ihrer Variabilität stellen die verschiedenen Arten und Hybriden allerdings auch unterschiedliche Anforderungen an die Pflege. Es zahlt sich also aus zu wissen, mit welcher Art oder Sorte Sie es zu tun haben, damit Sie richtig mit ihr umgehen.

Kleinere Hybriden eignen sich am besten für die Haltung in Töpfen, da sie sich auf diese Weise leichter bewässern lassen. Es ist ein weitverbreiteter Irrglaube, dass Kängurupfoten Trockenheit bevorzugen – sie vertragen zwar in der kälteren Jahreszeit durchaus trockene Phasen, werden aber während des aktiven Wachstums ohne ausreichende Feuchtigkeit wohl kaum gedeihen. Bei besonders warmen Temperaturen ist regelmäßiges Gießen unerlässlich – vor allem bei Topfpflanzen, da die Erde in Töpfen schnell austrocknen kann. Wenn Sie eine Schicht Kieselsteine oder Mulch auf die Erde geben, können Sie der Pflanze helfen, Feuchtigkeit zu speichern, und gleichzeitig eine Überhitzung der Blumenerde vermeiden. Sehr gut durchlässige Erde eignet sich am besten für diese Pflanzen.

BLÜTEZEIT Frühjahr bis Sommer

FAMILIE Haemodoraceae

LICHT volle Sonne

GIESSEN mäßig

ERDE grobkörnig + sandig / gut durchlässig

STANDORT Balkon

WINTERHART nein

ERFAHRUNG grüner Daumen

Die auffallenden Blüten dieser Blume erinnern uns immer an die Gemälde der holländischen Meister, auf denen sie abgebildet sind, zum Beispiel an die Blumenvase von Jan Davidsz. de Heem und das Blumenarrangement von Georgius Jacobus Johannes van Os.

Die leicht vornübergeneigten Stiele tragen eine endlose Vielfalt an Blüten in den verschiedensten Farben, Mustern, Formen und Oberflächenstrukturen. Es gibt über 6000 Sorten, die normalerweise in 15 verschiedene Gruppen eingeteilt werden: darunter die Papageientulpe in ihrer farbenfrohen, gekräuselten Pracht, die lilienblütige Tulpe mit spitzen, zurückgebogenen Blütenblättern, die gefranste Tulpe mit ausgefransten Blütenblatträndern und die klassischen Tulpen mit einfachen oder gefüllten Blüten.

Tulpen sind Zwiebelpflanzen und benötigen eine etwas speziellere Pflege als andere, häufigere Zimmer- und Balkonpflanzen: Die Zwiebeln werden normalerweise im Herbst in den Boden gesetzt, blühen im Frühjahr

Tulipa

Tulpen blicken auf eine bewegte und ereignisreiche Geschichte zurück. Diese wunderschönen Pflanzen stammen ursprünglich aus den Gebirgsregionen Mittelasiens und wurden zunächst im Iran kultiviert, bevor sie sich dann in der Türkei und später in den Niederlanden großer Beliebtheit erfreuten. Dort brach sogar eine richtige »Tulpenmanie« aus: In den 1630er-Jahren, während des Goldenen Zeitalters der Niederlande, konnte man für seltene und besondere Tulpenzwiebeln den Gegenwert eines Hauses erlösen. Irgendwann brach der Markt zwangsläufig zusammen; aber die Tulpe ist nach wie vor eine ausgesprochen beliebte Blume, die weltweit kultiviert wird.

Tulpe

BLÜTEZEIT Frühjahr
FAMILIE Liliengewächse
LICHT volle Sonne
GIESSEN mäßig
ERDE gut durchlässig
STANDORT Wohnung / Balkon
WINTERHART ja
ERFAHRUNG grüner Daumen

und werden dann, sobald die Pflanzen in die Ruhephase eintreten, aus der Erde herausgenommen und während der wärmeren Monate an einem kühlen, trockenen Ort gelagert.

Da Tulpen so stark überzüchtet worden sind, ist die Wahrscheinlichkeit, dass sie jedes Jahr aufs Neue blühen, bei manchen Sorten geringer, sodass sie eigentlich eher einjährige Pflanzen sind. Doch manche Arten brauchen weniger Aufmerksamkeit, verbringen die Ruhezeit gerne in ihrem Topf und treiben dann im nächsten Frühjahr wieder aus. Es lohnt sich immer, die Pflegeanleitung für die jeweilige Art oder Sorte genau zu lesen.

Wählen Sie für Ihre Tulpenzwiebeln einen ausreichend großen Topf und setzen Sie sie ziemlich dicht nebeneinander, denn in großen Gruppen kommen diese Blumen am besten zur Geltung. Eine gute Faustregel lautet, die Zwiebel (mit der Spitze nach oben) ungefähr dreimal so tief in die Erde zu setzen, wie sie hoch ist. Wenn Sie in einer kälteren Klimazone leben, müssen Sie Ihre Tulpenzwiebeln pflanzen, bevor die Temperaturen zu stark absinken. Gießen Sie die Töpfe mit den Zwiebeln an und stellen Sie sie dann an einen geschützten Ort (zum Beispiel in eine ungeheizte Garage), wo sie kühl stehen, aber nicht erfrieren. In einer wärmeren Klimazone können Sie die Zwiebeln »austricksen«, indem Sie sie vor dem Einpflanzen für sechs bis zwölf Wochen ins Gemüsefach Ihres Kühlschranks legen.*

Ob auf natürliche Weise oder mithilfe eines Tricks – diese Abkühlung ist für ein starkes Wachstum und eine reiche Blüte sehr wichtig. Sobald der Frühling kommt und sich die ersten Triebe aus der Erde schieben, können Sie Ihre Pflanzen an einen sonnigeren, wärmeren Ort stellen. Sie sollten ungefähr sechs Wochen lang blühen. Versuchen Sie, die Tulpen vor übermäßiger Hitze und Luftfeuchtigkeit zu schützen!

Wenn Sie Ihre Tulpenzwiebeln ausgraben möchten, schneiden Sie den Blütenstiel nach der Blüte ab; aber lassen Sie die Blätter immer erst vergilben und absterben, bevor Sie die Zwiebel aus der Erde nehmen. So kann die Zwiebel dem Rest der Pflanze noch wertvolle Nährstoffe entziehen, die sie für die Blüte in der folgenden Saison benötigt. Sobald die Pflanzen oberhalb der Erde abgestorben sind, nehmen Sie die Zwiebeln aus der Erde, bürsten sie kurz ab und packen sie dann in eine Papiertüte oder ein Netz. Denken Sie daran, die Tüten zu beschriften, und bewahren Sie die Zwiebeln an einem kühlen, trockenen Ort auf, bis sie im nächsten Herbst wieder in die Erde gesetzt werden können.

*VORSICHT: NICHT MIT ESSBAREN ZWIEBELN VERWECHSELN, DENN TULPENZWIEBELN SIND GIFTIG!

Abutilon blüht in einer breiten Palette leuchtender Farbtöne – von Orange und Gelb bis hin zu Lila und Rosa – und erfreut uns oft vom Frühjahr bis zum Herbst mit einer üppigen Blütenpracht. Bei dieser Pflanze bekommt man wirklich etwas für sein Geld!

Zusätzlich zu den herrlichen Blüten sind auch die ahornähnlichen immergrünen Blätter der Schönmalve ein echter Hingucker, sodass sie das ganze Jahr über dekorativ wirkt. Gießen Sie sie im Sommer häufig und halten Sie die nährstoffreiche, gut durchlässige Blumenerde gleichmäßig feucht; in der kühleren Jahreszeit sollten Sie die Wassergaben allerdings etwas sparsamer dosieren. Ein vollsonniger oder halbschattiger, vor der Witterung geschützter Standort eignet sich am besten für diese Pflanze. Denken Sie daran, dass direkte Sonneneinstrahlung eine reichere Blüte fördert!

Damit Ihre Schönmalve möglichst gesund bleibt, ist eine jährliche Düngung im Frühjahr mit einem Langzeitdünger sinnvoll, der während der Blütezeit durch eine allmonatliche Flüssigdüngergabe ergänzt wird. Diese Pflanze kann eine Höhe von ungefähr 2 m erreichen, aber es gibt auch ein paar Zwergformen (wie beispielsweise die hier abgebildete) mit kompakter Wuchsform, die sich hervorragend für Balkone und kleine Höfe eignen.

Abutilon

Die eng mit dem Hibiskus verwandte Schönmalve wird wegen der charakteristischen laternenartigen Blüten, die von diesem wuchsfreudigen Strauch herabhängen, auch Chinesische Laterne genannt.

Schönmalve

BLÜTEZEIT Frühjahr bis Herbst
FAMILIE Malvengewächse
LICHT Halbschatten / volle Sonne
GIESSEN mäßig bis viel
ERDE gut durchlässig
STANDORT Balkon
WINTERHART nein
ERFAHRUNG Anfänger

MEDINILLA DOLICHOPHYLLA × ALATA

Medinilla

Die *Medinilla,* die sich als exotische Zimmerpflanze schon seit Jahrhunderten großer Bewunderung erfreut, ist in den tropischen Regionen Afrikas, Madagaskars, Südostasiens, der westlichen Pazifikinseln und Australiens ziemlich weitverbreitet.

BLÜTEZEIT Frühjahr bis Sommer

FAMILIE Schwarzmundgewächse

LICHT gefiltert / Halbschatten

GIESSEN mäßig bis viel

ERDE gut durchlässig

STANDORT Wohnung / Balkon

WINTERHART nein

ERFAHRUNG Experte

Die *Medinilla* wächst in der freien Natur epiphytisch in den Astgabeln großer Bäume, fühlt sich aber durchaus auch in der Wohnung oder auf einem geschützten Balkon wohl.

Diese prächtige tropische Pflanze hat ledrige Blätter mit kaskadenartig herabhängenden Blütenständen, die bis zu 45 cm lang werden können. Die aus kleinen pastellrosafarbenen, weißen, violetten oder korallenroten Einzelblüten bestehenden Blütenbüschel erscheinen im späten Frühjahr, ähneln einer Weintraube und bieten einen spektakulären Anblick. Bei manchen Sorten sind die Blütenstände an der Basis von zarten Hochblättern umhüllt, die wie Blütenblätter aussehen.

An einem warmen Standort mit hoher Luftfeuchtigkeit fühlt sich die *Medinilla* am wohlsten. In der Wohnung gedeiht sie besonders gut in hellem, gefiltertem Licht; im Freien bevorzugt sie einen halbschattigen Platz, an dem sie vor der prallen Nachmittagssonne geschützt ist. Halten Sie die gut durchlässige Erde Ihrer Medinilla feucht, indem Sie sie mindestens einmal pro Woche durchdringend gießen und durch tägliches Besprühen der Blätter für hohe Luftfeuchtigkeit sorgen; die Blüten sollten Sie dabei jedoch aussparen. Schneiden Sie die wunderschönen Blütenstände ab, sobald sie verblüht sind, um die Blütezeit der Pflanze zu verlängern.

Geben Sie Ihrer Medinilla nach der Blüte einen Orchideendünger oder normalen Dünger und schneiden Sie unerwünschte Triebe zurück, um neues Wachstum zu fördern. Sie können die Pflanze fast bis zur Basis zurückschneiden; aber achten Sie darauf, dass an jedem Stiel mindestens ein Blattpaar stehen bleibt, damit sie nicht völlig abstirbt. Obwohl die Medinilla heikel sein kann, wird sie Ihre Bemühungen mit ihrer unglaublichen Schönheit reich belohnen.

OXALIS TRIANGULARIS

Oxalis

Glücksklee

Die kleeartigen Vertreter dieser weitverbreiteten, über 500 Arten umfassenden Gattung sind Ihnen vielleicht am vertrautesten. Die Blätter des Glücksklees (auch Sauerklee genannt) leuchten in allen Regenbogenfarben – von Lindgrün über Grau, tief Burgunderrot und Blaugrün bis hin zu Golden.

BLÜTEZEIT je nach Art unterschiedlich

FAMILIE Sauerkleegewächse

LICHT gefiltert / Halbschatten

GIESSEN mäßig

ERDE gut durchlässig

STANDORT Wohnung / Balkon

WINTERHART nein

ERFAHRUNG Anfänger

Über den Blättern des Sauerklees erheben sich zierliche, meist glocken- oder röhrenförmige Blüten, die sich im Lauf der Zeit öffnen und deren Violett-, Rosa-, Gelb-, Weiß- und Orangetöne einen aparten Kontrast zu den Blättern bilden. Die meisten Arten sind nyktinastisch, das heißt, ihre Blüten öffnen sich nur bei Sonnenschein oder direktem Licht und schließen sich nachts oder bei bewölktem Himmel. Auch ihre Blätter entfalten sich bei dunkleren Lichtverhältnissen normalerweise nicht ganz.

Einige Oxalis-Arten haben sich zu sehr beliebten Zimmerpflanzen entwickelt. Am bekanntesten ist der Dreieckige Glücksklee *(Oxalis triangularis)* mit seinen schmetterlingsähnlichen tiefburgunderroten Blättern, über denen zarte hellviolette Blüten schweben. Wie viele Oxalis-Arten kann auch diese Pflanze in eine Ruhephase eintreten und verliert dann ihre Blätter. Gießen Sie sie während dieser Ruhezeit nur sparsam, bis sie wieder neu austreibt.

Zu den anderen Oxalis-Arten, die wir besonders schätzen, gehören die wie ein Minibaum aussehende *O. megalorrhiza* und *O. palmifrons* mit ihrer bestechend geometrischen Form. Man sollte allerdings bedenken, dass der wuchsfreudige, unverwüstliche Sauerklee sich mittlerweile in vielen Gegenden der Welt eingebürgert hat und zu einem Unkraut geworden ist. Also setzen Sie diese Pflanze lieber nicht direkt in die Erde, sondern in einen Topf!

BLÜTEZEIT Frühjahr bis Sommer
FAMILIE Mohngewächse
LICHT volle Sonne
GIESSEN wenig
ERDE gut durchlässig / grobkörnig + sandig
STANDORT Balkon
WINTERHART nein
ERFAHRUNG grüner Daumen

ESCHSCHOLZIA CALIFORNICA ›MILKY WAY‹

Kalifornischer Mohn

Eschscholzia californica

Die seidenweichen Blütenblätter dieser kalifornischen Staatsblume sitzen sehr dekorativ über schmalen graugrünen Blättern.

Vielleicht erkennen Sie diese Pflanze am ehesten an ihren leuchtend orangefarbenen Blüten, die in ihrem Heimatstaat Kalifornien ganze Wiesen bedecken oder an Straßenrändern wachsen; aus dieser hübschen Blumenart wurden aber auch viele Sorten gezüchtet, zum Beispiel ›Peach Sorbet‹ mit ihren elegant gerüschten Blüten und ›Milky Way‹ mit buttergelb-weißen Blüten. Die Blüten tanzen im Wind und schließen sich, wenn der Himmel grau wird oder die Sonne untergeht.

In der freien Natur ist der Kalifornische Mohn sehr unkompliziert und wuchsfreudig; als Balkonpflanze braucht er allerdings ein bisschen mehr Aufmerksamkeit. Am besten gedeiht er in warmen Klimazonen, in denen es im Sommer nicht allzu heiß wird. Schirmen Sie die Pflanze vor der prallen Nachmittagssonne ab, wenn die Temperaturen im Hochsommer ihren Höhepunkt erreichen. Am wohlsten fühlt sich die Pflanze in nährstoffarmer Erde, die sehr gut durchlässig sein sollte. Geben Sie dem Kalifornischen Mohn nicht zu viel Wasser; Staunässe bekommt ihm nicht. Er mag zwar gern ein bisschen mehr Luftfeuchtigkeit, braucht aber eine gute Luftzirkulation, sollte also nicht zu dicht zwischen anderen Pflanzen stehen.

Der Kalifornische Mohn ist keine Schnittblume, weil seine Blüten normalerweise bereits verblüht sind, bevor sie aus dem Topf in die Vase gelangen. Entfernen Sie abgeblühte Stiele oder lassen Sie die Pflanze gegen Ende der Blütezeit Samen bilden, damit sie sich selbst aussäen kann. Von neugierigen Tieren sollten Sie diese Pflanze fernhalten, da sie giftig ist.

Viola hederacea eignet sich im Garten hervorragend als Bodendecker, da sie mit ihren Ausläufern große Matten bildet, gedeiht aber auch gut in Töpfen in der Wohnung oder auf dem Balkon. Dank ihrer ausladenden Wuchsform kommt sie in einem hängenden Pflanzgefäß gut zur Geltung, wo sie in wunderschönen Kaskaden über die Topfränder herabfällt, oder als Unterpflanzung für eine größere Topfpflanze.

Diese hübsche Pflanze ist wunderbar anspruchslos, mag aber – vor allem in der wärmeren Jahreszeit – eine gleichmäßig feuchte Erde; daher ist es wichtig, sie regelmäßig zu gießen. Eine gut durchlässige, aber feuchtigkeitsspeichernde Blumenerde hält die Pflanze feucht, ohne dass Staunässe entsteht. Im Freien bevorzugt sie einen halbschattigen Platz oder gefiltertes Licht; aber auch ein heller Standort in der Wohnung mit gedämpfter Morgensonne ist gut für sie.

Diese immergrüne Staude bringt ihre zierlichen Blüten vor allem im Frühjahr und Sommer hervor; aber bei gleichbleibend warmen Temperaturen kann sie das ganze Jahr über blühen. Die Blüten des Australischen Veilchens sind nicht nur ein schöner Anblick, sondern auch essbar und eignen sich gut als Dekoration für einen Salat oder Kuchen.

Viola hederacea

Die schönen nierenförmigen Blätter, über denen hübsche lila-weiße Blüten schweben, verleihen dieser in Australien beheimateten Pflanze einen typischen Landhausgarten-Charakter.

Australisches Veilchen

VIOLA HEDERACEA IN EINEM HANDGEFERTIGTEN TOPF VON RICH CAMILLERI

BLÜTEZEIT das ganze Jahr über
FAMILIE Veilchengewächse
LICHT gefiltert / Halbschatten
GIESSEN mäßig bis viel
ERDE gut durchlässig / feuchtigkeitsspeichernd
STANDORT Wohnung / Balkon
WINTERHART nein
ERFAHRUNG Anfänger

BLÜTEZEIT Mitte Frühjahr bis Sommer

FAMILIE Hahnenfußgewächse

LICHT Halbschatten

GIESSEN wenig bis mäßig

ERDE gut durchlässig / feuchtigkeitsspeichernd

STANDORT Balkon

WINTERHART ja

ERFAHRUNG grüner Daumen

AQUILEGIA ›CARDINAL‹ (SONGBIRD-SERIE)

Akelei

Es gibt ungefähr 70 verschiedene *Aquilegia*-Arten. In der freien Natur findet man diese Staude am häufigsten an halbschattigen Standorten auf dem Waldboden. Ihre filigranen Blätter – manchmal mit bronzefarbenen Rändern – stehen tief unter den hübschen Blüten.

Die Blüten, die an die Haube einer Großmutter erinnern, gibt es in einer unendlichen Vielfalt von Hybriden in verschiedenen Farben und Formen. Oft zeigen sie nach unten und weisen mehrere lange Sporne an der Hinterseite auf, die ihnen ihre typische Form verleihen.

Die Akelei mag keine pralle Nachmittagssonne; also stellen Sie sie an einen Platz mit gedämpftem Licht oder Halbschatten. Sie macht sich gut zwischen anderen schattenliebenden Pflanzen wie beispielsweise Christrosen. Achten Sie auf eine gute Luftzirkulation. Die Akelei sollte nicht zu viel Wasser bekommen, da sie anfällig für Mehltau ist. Obwohl einige Sorten speziell als Schnittblumen gezüchtet wurden, halten sich die meisten Gartensorten nach dem Schnitt nicht besonders gut; daher sollten Sie sich lieber an der Blütenpracht im Topf oder Kübel erfreuen.

Besonders schön finden wir die violett blühende Alpen-Akelei (*Aquilegia alpina*), die kontrastreichen rot-weißen Blüten von *Aquilegia* ›Cardinal‹ (Songbird-Serie), die offenen, clematisähnlichen Blüten von *Aquilegia vulgaris* ›Clematiflora‹ und die doppelten gerüschten Blüten von *Aquilegia* ›Double Pleat Blackberry‹.

Obwohl Blau die häufigste Blütenfarbe ist, findet man ebenso prächtige *Delphinium*-Arten mit violetten, weißen oder (seltener) roten und gelben Blüten. Ihren Namen, der sich vom lateinischen Wort für »Delfin« herleitet, verdankt diese Pflanze der Form des Sporns an der Rückseite ihrer Blüte.

Auf ungünstige Umweltbedingungen reagiert Rittersporn recht empfindlich, er bevorzugt ein gemäßigtes Klima und verträgt weder Stürme noch allzu große Hitze. Er bevorzugt kühlere, feuchtere Sommer. Wenn Sie in einer heißeren Gegend leben, sollten Sie ihn vor zu praller Nachmittagssonne schützen; ein Standort mit viel direkter Morgensonne und Halbschatten am Nachmittag eignet sich sehr gut für ihn.

Der Rittersporn gedeiht am besten in größeren Töpfen; sorgen Sie dafür, dass die Pflanzen nicht zu dicht nebeneinanderstehen! Sobald er ausgewachsen ist, sollten Sie ihn mulchen, damit sich die Feuchtigkeit in der Blumenerde hält. Für die Produktion seiner prächtigen Blüten muss er regelmäßig gedüngt werden, sobald sich der erste Blütenstand bildet. Langsames Wachstum oder vergilbendes Laub können ein Anzeichen dafür sein, dass die Pflanze nicht genügend Nährstoffe erhält. Die hohlen Stängel sind brüchig; daher sollte man größere oder schwerere Blütenähren mit einem Stab abstützen. Ein Tomatenkäfig eignet sich ebenfalls gut als Stütze.

Delphinium x Belladonna ist eine zarte, filigran wirkende Sorte mit etwas weiter auseinanderstehenden hellblauen Blüten. Sie eignet sich hervorragend als Schnittblume; aber denken Sie daran, dass alle Rittersporn-Arten giftig sind!

Der Rittersporn mit seinen über 250 ein- und mehrjährigen Arten ist vor allem für seine spektakulären leuchtend blauen Blütenähren bekannt, die 30 cm bis 2 m hoch werden können.

Rittersporn

DELPHINIUM X BELLADONNA IN EINEM HANDGEFERTIGTEN TOPF VON TWO SQUIRRELS

BLÜTEZEIT Frühjahr bis Sommer

FAMILIE Hahnenfußgewächse

LICHT volle Sonne / Halbschatten

GIESSEN mäßig bis viel

ERDE gut durchlässig / feuchtigkeitsspeichernd

STANDORT Balkon

WINTERHART nein

ERFAHRUNG grüner Daumen

Jetzt sind die Tage lang, und die Sonne steht hoch am Himmel. Im Sommer blühen die Pflanzenarten mit den auffallendsten, leuchtendsten Blüten, die den oft sehr heißen, harten Lebensbedingungen dieser Jahreszeit standhalten können. Manche Pflanzen wollen in dieser Zeit besonders liebevoll umsorgt werden; doch die stärksten von ihnen werden jetzt gut gedeihen und Ihre aufmerksame Pflege mit einer Fülle von Blüten belohnen.

Sommer

Phalaenopsis

Der anmutige Blütenstiel der *Phalaenopsis*, deren deutscher Name auf die flügelartige Form ihrer Blüten zurückgeht, wölbt sich aus einer Rosette dunkelgrün glänzender Blätter hervor und ist in seiner Schlichtheit wunderschön. Für einen klassischen Look können Sie aber auch mehrere Pflanzen nebeneinander in eine große, flache Schale setzen und die Erde mit grünem Moos bedecken.

Diese tropische Orchidee bevorzugt helles, indirektes Licht und eine warme Umgebung mit hoher Luftfeuchtigkeit; daher sollten Sie den Topf in eine mit kleinen Kieselsteinen und Wasser gefüllte Schale stellen. Halten Sie sie von Klimaanlagen, Zugluft und übermäßig heißen oder kalten Fenstern fern und verwöhnen Sie sie ungefähr einmal pro Monat mit einem stark verdünnten Orchideen- oder flüssigen Zimmerpflanzendünger.

Bei guter Pflege und mit ein bisschen Glück wird Ihre *Phalaenopsis* viele Jahre lang blühen. Wenn die Blüten abgestorben sind, schneiden Sie den Stiel mit einer scharfen Gartenschere 1cm über dem untersten Knoten ab. Diese noch »ungenutzten« Knoten dürften in den kommenden Monaten weitere Blüten hervorbringen. Wenn Ihre Pflanze keine zweite Blüte produziert und die Blütenähre zu vertrocknen beginnt, schneiden Sie den Stiel an der Basis ab. Gönnen Sie Ihrer Orchidee weiterhin viel Pflege und einen sehr hellen Standort, dann dürfte sie in zwölf Monaten wieder blühen.

Aus den ursprünglich 80 verschiedenen Arten sind im Lauf der Zeit Tausende von Sorten und Hybriden der allgegenwärtigen Schmetterlingsorchidee entstanden. Es gibt gute Gründe für die Beliebtheit dieser Pflanze: *Phalaenopsis* gehört zu den am einfachsten zu kultivierenden Orchideen, und oft halten sich ihre prächtigen Blüten mindestens drei Monate lang.

Schmetterlingsorchidee

BLÜTEZEIT Sommer
FAMILIE Orchideengewächse
LICHT gefiltert
GIESSEN mäßig
ERDE Orchideenerde
STANDORT Wohnung
WINTERHART nein
ERFAHRUNG Anfänger

EIN GANZES ARRANGEMENT PRÄCHTIGER ORCHIDEEN (VON LINKS NACH RECHTS): *ONCIDIUM* SP., *ONCIDIUM* ›TWINKLE‹, PHALAENOPSIS SP., *PAPHIOPEDILUM* SP., *CATTLEYA* SP.

Über Orchideen / Jane Rose Lloyd

Jane Rose Lloyd ist leidenschaftliche Pflanzenliebhaberin, Gärtnerin, Designerin und Mitinhaberin der Gärtnerei Garden Pleasures (ehemals The Plant Exchange).

Als langjährige Mitarbeiterin von Leaf Supply hat Jane ihr umfassendes gärtnerisches Wissen in unser Werk *Plantopedia* einfließen lassen, und es ist ein großes Glück für uns, ihre Fachkenntnisse nun auch für dieses Buch nutzen zu dürfen.

Jane kultiviert in ihrem Gewächshaus eine riesige Sammlung von Blatt- und Blütenpflanzen.

WANN HABEN SIE IHRE AFFINITÄT ZU PFLANZEN ENTDECKT?

Eigentlich gab es gleich zwei »Aha-Erlebnisse«. Den ersten Anstoß dazu, mich für Pflanzen zu interessieren, bekam ich schon als Kind – damals war ich vielleicht drei oder vier Jahre alt. Meine Mutter war berufstätig und alleinerziehend; daher verbrachte ich viel Zeit bei meiner Oma, wo ich mich meistens in ihrem Garten in Warrandyte (Victoria) aufhielt. Dabei handelte es sich in erster Linie um einen australischen Buschgarten mit einheimischen Arten aus der Region; hinzu kamen noch ein paar typische australische Pflanzen und üppig blühende Stauden, Rosen, Zitrus- und andere Obstbäume. Oma hat immer viel gebacken, und ich weiß noch genau, wie wir gemeinsam Blätter und Blüten gesammelt haben, um ihre Kuchen damit zu verzieren oder sie als Zutaten für ihre Marmeladen zu verwenden. Als Teenager war ich ziemlich labil und rebellisch; damals hatte ich andere Interessen und verlor den Kontakt zu den

OBEN: JANE IN IHREM GEWÄCHSHAUS; RECHTS: GAR NICHT SO EINFACH, DEN RICHTIGEN WINKEL FÜR EINEN RIESIGEN CYMBIDIUM-BLÜTENSTIEL ZU FINDEN!

Pflanzen und zu mir selbst. Erst im Jahr 2016 beschloss ich, Gartenbau zu studieren, um aus einer schwierigen Lebensphase herauszukommen, und gründete ein eigenes Unternehmen, um psychisch stabiler zu werden – und damit war mein Schicksal besiegelt: Von da an war ich süchtig nach Pflanzen.

WAS FASZINIERT SIE AN BLÜTENPFLANZEN SO SEHR?

Da gibt es wirklich eine ganze Menge; aber wenn ich mich für einen Aspekt entscheiden müsste, dann wäre es die schiere Vielfalt, die mich an Blütenpflanzen so sehr begeistert. Nicht nur die verschiedenen Farben und Formen ihrer Blüten, sondern ihr breites Spektrum an Lebens- und Ausdrucksformen. Wir Menschen gehören nur einer einzigen Spezies (Homo sapiens) an; doch im Jahr 2016 hieß es in einem Bericht der Royal Botanic Gardens in Kew, dass von den ungefähr 391 000 Gefäßpflanzenarten, die die Wissenschaft kennt, 369 000 (das entspricht 94 Prozent) Angiospermen oder Blütenpflanzen sind. Und das sind nur die Arten, die wir kennen und dokumentiert haben (alljährlich werden ungefähr 2000 neue Pflanzenarten beschrieben). Stellen Sie sich nur einmal vor, wie viele Arten noch darauf warten, entdeckt zu werden! Es ist, als würde die Natur jede Idee, die sie sich ausgedacht hat, auf den Prüfstand stellen. Wir Menschen sind in vielerlei Hinsicht begnadet, aber leider doch oft blind – nicht nur für die Pflanzen, sondern auch für die vielen verrückten, erstaunlichen und magischen Lektionen, die wir von ihnen über uns selbst lernen können.

SIE BESITZEN EINE RIESIGE ORCHIDEENSAMMLUNG. WAS LIEBEN SIE AN DIESEN PFLANZEN SO SEHR?

Orchideen sind meine absoluten Lieblingspflanzen. Die Orchideengewächse sind die zweitgrößte Pflanzenfamilie: Sie umfassen über 25 000 bekannte Arten – das sind doppelt so viele wie in der Vogelwelt und viermal so viele wie bei den Säugetieren und entspricht ungefähr 10 Prozent aller bekannten Pflanzen auf der Erde. Orchideen bewohnen sämtliche Klimazonen und Umweltnischen auf unserem Planeten (außer Gletschern) und verfügen über die höchste Konzentration an Arten, die in den Tropen heimisch sind. Wenn Sie diesen Pflanzen genügend Aufmerksamkeit schenken – und das ist weiß Gott nicht schwierig –, werden sie garantiert Ihr Herz erobern. Sie werden sich bis über beide Ohren in sie verlieben, und wenn die Orchideen Ihre Aufmerksamkeit erst einmal geweckt haben, werden Sie sich ihrer Faszination nie wieder entziehen können.

Ich selber habe so viele Favoriten unter den Orchideen, dass ich mich unmöglich für eine bestimmte Art oder Gattung entscheiden kann; aber *Dendrobium*, *Bulbophyllum* und *Cymbidium* sind ein sehr guter Ausgangspunkt für die Suche nach interessanten Orchideenarten. Ich möchte an dieser Stelle auch auf unsere in Australien heimischen terrestrischen Orchideen hinweisen: Sie gehören zu den faszinierendsten und speziellsten Orchideenarten und bedürfen dringend unserer Hilfe und Aufmerksamkeit. Die Royal Botanic Gardens in Sydney und Melbourne leisten einen phänomenalen Beitrag zur Erhaltung dieser Pflanzen (auf den Websites der beiden Gärten können Sie sich über ihre Forschungsarbeit informieren), aber der Artenschutz braucht stets auch die Hilfe und Aufmerksamkeit der Öffentlichkeit!

WAS SOLLTE MAN BEI DER PFLEGE VON BLÜTENPFLANZEN (VOR ALLEM ORCHIDEEN) BEACHTEN?

Eine Pflanze zum Blühen zu bringen, hat oft mehr mit Glück als mit aktiver Bemühung zu tun. Ob Pflanzen blühen oder nicht, hängt von den verschiedensten Kriterien ab: ihren Energiereserven, einem komplexen Zusammenspiel aus verschiedenen Umweltfaktoren und – was am allerwichtigsten ist – dem richtigen Zeitpunkt. Da müssen wirklich viele verschiedene Faktoren zusammenkommen; es dauert Wochen, Monate oder sogar Jahre, bis alle Zutaten in perfekter Dosierung vorhanden sind und genau die richtige Temperatur herrscht; außerdem muss die Pflanze genügend Energie in Reserve haben, um den Prozess der Blütenbildung zu starten, bis zur Ziellinie durchzuhalten und anschließend auch weiterzuwachsen und zu gedeihen. Damit eine Pflanze gut gedeiht und blüht, müssen wir all diese in der freien Natur ablaufenden Prozesse nachahmen, so gut es geht. Manchmal scheint das ganz einfach zu sein – es kann zum Beispiel bedeuten, eine Pflanze an einen helleren Standort oder einen Platz mit direkter Sonneneinstrahlung zu stellen oder ihr eine trockene Winterruhe zu gönnen, bevor sie im Frühjahr wieder täglich gegossen wird. Aber manchmal ist das Ganze auch viel komplizierter, und nicht selten erfordert es jahrelanges gutes Zureden und einen langsamen Aufbau von Energiereserven.

Der einfachste Weg, eine Pflanze zum Blühen zu bringen, besteht darin, sich genau mit ihr zu beschäftigen und ihre Eigenarten kennenzulernen. Man sollte herausfinden, wo und unter welchen Umweltbedingungen sie in der freien Natur wächst, und diese Bedingungen nach Möglichkeit imitieren. Man darf nicht vergessen, dass Pflanzen bei uns normalerweise außerhalb ihrer Komfortzone leben – diese Unterschiede müssen wir überbrücken. Das heißt, wir müssen ihnen ähnliche Bedingungen bieten wie ein Sommerregen (oder Monsun); wir müssen die Luftfeuchtigkeit erhöhen oder die Pflanze umstellen, damit sie es im Winter kühl und trocken hat. Einer Pflanze jeden Dienstag ein Glas Wasser und einmal im Monat eine Algenlösung zu geben und dann eine üppige Blüte zu erwarten, das ist so, als würde man jeden Tag Salzcracker essen, einen Krug Wasser trinken und damit rechnen, dass man in drei Wochen einen 100-Meter-Sprint gewinnt. Wir müssen einer Pflanze genau die richtigen Umweltbedingungen bieten; und wenn dann auch noch das Timing stimmt, werden Sie staunen, was bei Ihnen alles wunderbar gedeihen und sogar blühen kann!

OBEN: *DISCHIDIA VIDALI* × SP. ›CAMIGUIN ISLANDS‹; RECHTS: JANE MIT IHREM DENDROBIUM ›MEMORIA GARTH GRIFFITH‹

DIE WAND MIT DEN SENKRECHT ANGEORDNETEN PFLANZEN IN IHREM GEWÄCHSHAUS IST WUNDERSCHÖN. AUF DIESE WEISE SCHEINEN DIE FARNE UND ORCHIDEEN BESONDERS GUT ZU GEDEIHEN. WIE MONTIEREN SIE DIE PFLANZEN AUF IHREN GESTELLEN, UND WIE PFLEGEN SIE SIE?

Diese Pflanzen gedeihen vor allem deshalb so gut auf einem Gestell, weil sie von Natur aus Epiphyten sind; das heißt, sie wurzeln nicht direkt in der Erde, sondern in einer anderen Pflanze. Ihre Wurzeln sind an reichliche Luftzirkulation gewöhnt, da sie oft im Freien wachsen (zum Beispiel seitlich an aufrechten Baumstämmen oder an den Unterseiten waagerechter Äste) oder ihr Wurzelwerk nur ganz leicht von schnell verrottendem organischem Material bedeckt ist. Viele dieser Epiphyten haben sich im Lauf der Evolution so entwickelt, dass sie ihren Feuchtigkeits- und Nährstoffbedarf über die Wurzeln aus der Umgebungsluft decken. Daher benötigen sie ganz spezielle Wachstumsbedingungen, die man ihnen in einer normalen Wohnung kaum bieten kann.

Mein Gewächshaus ist voll automatisiert und intelligent, sodass ich von jedem Ort der Welt aus die Temperatur und Luftfeuchtigkeit überprüfen und Bewässerung, Luftfeuchtigkeit und Luftzirkulation regulieren kann. Unsere Hauptanbauparameter sind 20–26 °C Lufttemperatur und 75–90 % relative Luftfeuchtigkeit; aber ich härte die Pflanzen während des Anbaus gerne ab, damit sie für unsere Arbeit vielseitiger einsetzbar sind; also variiere ich ihre Umweltbedingungen ein bisschen und setze sie auch extremen Bedingungen wie Hitze, Kälte und Trockenheit bzw. weniger Luftfeuchtigkeit aus.

Wie ich die Pflanzen auf ihren Gestellen anbringe, hängt davon ab, auf welche Weise sie in ihrer natürlichen Umgebung wachsen. Dabei geht es vor allem um die Fähigkeit, Feuchtigkeit zu speichern, und um die Luftporosität, die erforderlich sind, damit die Wurzeln genau die für sie richtigen Lebensbedingungen vorfinden; davon hängt wiederum die Zusammensetzung der Materialien und Substrate ab, die ich verwende. Ich habe jahrelang mit verschiedenen Anbaumethoden für Pflanzen auf Gestellen experimentiert, und dieser Prozess ist immer noch nicht abgeschlossen. Ich lerne nach wie vor dazu und verfeinere meine Anbaumethoden ständig.

Man kann Epiphyten natürlich auch in der Wohnung erfolgreich kultivieren; aber dabei kommt es immer darauf an, die richtige Pflanze für den richtigen Standort auszuwählen. *Platycerium bifurcatum* und *Rhipsalis baccifera* sind zwei pflegeleichte Pflanzen, die sich hervorragend für die Kultur auf Gestellen im Haus eignen. Geben Sie ihnen einen schönen hellen Platz mit indirektem Licht und etwas Morgensonne bis spätestens 13 Uhr, wässern Sie sie gründlich unter der Dusche und hängen Sie sie zum Abtropfen auf. Verabreichen Sie diesen Pflanzen während der Wachstumszeit einen Flüssigdünger und denken Sie daran, dass sie schnell austrocknen.

AUF WELCHE WEISE KULTIVIEREN SIE IHRE BLÜTENPFLANZEN SONST NOCH, UND WIE BRINGEN SIE SIE AM LIEBSTEN ZUR GELTUNG?

Ich möchte meine Pflanzen stets so glücklich wie möglich machen. Daher sind die meisten von ihnen in ganz normalen Anzuchttöpfen in unserem Gewächshaus oder unserer Gärtnerei untergebracht. Manchmal bringe ich sie auch ins Haus, um mich an ihrer Blüte zu erfreuen, aber meistens fotografiere ich sie einfach nur immer wieder. Ich bin sehr wählerisch geworden, wenn es um die Frage geht, welche Pflanzen bei uns im Haus leben dürfen; denn dazu müssen sie unregelmäßige Wassergaben mit gelegentlichen kurzen Trockenphasen vertragen, dürfen nicht sehr anfällig für Schädlinge sein, und ihr Anblick muss mich inspirieren.

OBEN: EIN WAHRER DSCHUNGEL AUS PRÄCHTIG GEDEIHENDEN PFLANZEN IN JANES AUSSERGEWÖHNLICHEM GEWÄCHSHAUS; RECHTS: DIE GÄRTNERIN, HINTER DEM BLÜTENSTIEL EINER SPEKTAKULÄREN CYMBIDIUM-ORCHIDEE VERBORGEN

»Der einfachste Weg, eine Pflanze zum Blühen zu bringen, besteht darin, sich genau mit ihr zu beschäftigen und ihre Eigenarten kennenzulernen. Man sollte herausfinden, wo und unter welchen Umweltbedingungen sie in der freien Natur wächst, und diese nach Möglichkeit imitieren.«

Das Besondere an den Pflanzen, die bei uns im Haus untergebracht sind, ist ihr Design und ihre Architektur. Ich liebe skulpturale Pflanzen, also solche mit großen oder außergewöhnlichen Blättern und auffallender Wuchsform – eben Pflanzen, die eine ganz besondere Wirkung haben. Im Wohnzimmer kultiviere ich viele Ficus-Arten, ein paar winterharte Farne, einige *Sinningia*-Exemplare mit auffallend verdickten Knollen und ein paar Pflanzen mit seltsam gewundener, verdrehter Wuchsform.

WAS FÜR LIEBLINGSBLUMEN HABEN SIE NOCH?

Rhipsalis ist eine meiner Lieblingsgattungen. Als Mitglied der Kakteenfamilie umfasst sie ein paar faszinierende Arten, die nicht in der Wüste leben, sondern sich auf raffinierte Weise an andere ökologische Nischen angepasst haben – zum Beispiel an Dschungelregionen in ganz Südamerika. Außerdem mag ich alle Arten aus der Familie der Aronstabgewächse, die nicht im Trend liegen. Anthurien, Philodendren und ähnliche beliebte Pflanzen sind zwar wunderschön – verstehen Sie mich nicht falsch –, aber ich liebe eben gerade die Freaks und die nicht ganz so pflegeleichten Arten; daher gehören knollige Aronstabgewächse wie *Amorphophallus, Typhonium, Arisaema* (um nur ein paar zu nennen) zu meinen absoluten Favoriten. Auch Ficus ist eine meiner Lieblingsgattungen, die extrem unterschiedliche Arten umfasst. Viele Ficus-Arten sind sehr unkompliziert und fühlen sich in der Wohnung, im Garten oder auf dem Balkon gleichermaßen wohl. *Ficus umbellata* und *Ficus dammaropsis* sind zurzeit meine beiden Favoriten. Viele einheimische australische Pflanzen haben ebenfalls einen besonderen Platz in meinem Herzen; doch an dieser Stelle möchte ich vor allem Acacia, *Banksia*, Correa und *Brachychiton* mit ihren vielen außergewöhnlichen, verrückten Arten hervorheben. Schon allein diese vier Pflanzengattungen haben dem Hobbygärtner eine Menge Interessantes zu bieten!

AUF INSTAGRAM PRÄSENTIEREN SIE SICH ALS @_STRANGEPLANTLADY. WELCHES SIND IN IHREN AUGEN DIE SKURRILSTEN BLÜTENPFLANZEN?

Orchideen gehören auf jeden Fall zu den außergewöhnlichen Pflanzen; aber ich sollte keine Lieblinge haben. Auch die Ceropegia-Arten verdienen einen Platz ganz oben auf der

Liste der verrücktesten Pflanzen, die man in der Wohnung halten kann (zum Beispiel die Leuchterblume, Ceropegia woodii). Ihre ungewöhnlichen, scheinbar »hässlichen« Blüten sind raffinierte Insektenfallen, die ihre Bestäuber am Boden einer länglichen, röhrenförmigen Blüte gefangen halten. Die Härchen im Inneren der Blüte sind so fein, dass die Insekten leicht hindurchklettern und in die Blüte hinabsteigen können; doch da diese Röhrenblüten oberhalb ihrer verdickten Basis eine schmale »Taille« bilden, ist es für das Insekt schwierig, wieder daraus zu entkommen; und bei seinen Ausbruchsversuchen streift es garantiert ein paar Pollenkörner am Stempel ab und befruchtet die Blüte auf diese Weise. Auch Begonien gehören definitiv zu den skurrilsten Pflanzen, die es gibt. Sie haben sich sehr gut an alle möglichen seltsamen Umweltbedingungen angepasst und dabei ein paar besonders eigentümliche Erscheinungsbilder entwickelt. Früher bin ich mit Begonien nicht besonders gut zurechtgekommen; aber inzwischen liebe ich *Begonia venosa* mit ihren papierartigen Kataphyllen, die mich an Zikadenflügel erinnern.

GIBT ES ORTE IN MELBOURNE ODER WOANDERS IN AUSTRALIEN, DIE SIE GERNE BESUCHEN, UM IHRE BEZIEHUNG ZU PFLANZEN ZU PFLEGEN?

Botanische Gärten sind ein wahres Mekka für Pflanzenliebhaber! Ich besuche die Royal Botanic Gardens in Victoria mindestens einmal im Jahr, um zu sehen, wie viel seit meinem letzten Besuch gewachsen ist, und um bei einem erholsamen Spaziergang möglichst viele Fotos zu machen. Botanische Gärten verdienen viel mehr Aufmerksamkeit, als ihnen zuteilwird, denn sie leisten einen enormen Beitrag dazu, unser Verständnis für Pflanzen, für ihre Beziehung zur Umwelt und vor allem für ihre Erhaltung zu fördern. Ich besuche auch gern Orte, wo man sich wie in der »Wildnis« fühlt, beispielsweise Wälder und Arboreten, National- und Staatsparks, ja sogar Reservate und Linearparks. An jedem Ort in der Natur kann man sich erholen und regenerieren! Zu meinen Lieblingsreisezielen gehören die Dandenong Ranges, Mount Franklin, Kinglake, Toolangi State Forest und der Black Spur Drive. Auch die botanische Provinz im Südwesten von Westaustralien sollte jeder Pflanzenfreund gesehen haben, ebenso wie die Gondwana-Regenwälder und den Daintree-Regenwald. Ein weiteres eindrucksvolles Pflanzenparadies ist Südafrika, vor allem die Wüste Namib, wo man die *Welwitschia mirabilis* (eine sehr ungewöhnliche, riesengroße Pflanze) in ihrem natürlichen Lebensraum bewundern kann.

OBEN UND RECHTS: *DENDROBIUM* ›GOLDENER FLECK‹

Das Spanische Gänseblümchen wird nur ungefähr 30 cm hoch, ist aber von Frühjahr bis Herbst fast ständig von Blüten übersät. Schneiden Sie die Pflanze nach der Blüte auf eine Höhe von weniger als 10 cm zurück, damit sie im nächsten Frühjahr gesund und kräftig nachwächst.

Da die Pflanze in manchen Regionen (zum Beispiel in Teilen Australiens und Neuseelands) als Unkraut gilt, sollten Sie sich bei Ihrer Gemeindeverwaltung erkundigen, bevor Sie sie in Ihrem Balkongarten anpflanzen.

Erigeron karvinskianus

BLÜTEZEIT Frühjahr bis Herbst
FAMILIE Korbblütler
LICHT volle Sonne / Halbschatten
GIESSEN mäßig
ERDE gut durchlässig
STANDORT Balkon
WINTERHART ja
ERFAHRUNG Anfänger

Diese zierliche, gänseblümchenartige Pflanze ist sehr wuchsfreudig, wenn man ihr die richtigen Lebensbedingungen bietet. *Erigeron karvinskianus* sprießt oft aus Ritzen in Felswänden hervor oder wächst an Wegrändern. Sie sieht aber auch fantastisch aus, wenn ihre Blütenstiele aus Töpfen herauswuchern.

Spanisches Gänseblümchen

TAGETES *PATULA* ›BONANZA FLAME‹ IN EINEM TOPF VON GRETEL CORRIE

TAGETES *PATULA* 'BONANZA FLAME' IN EINEM TOPF VON GRETEL CORRIE

Studentenblume

Mit ihren leuchtenden, in warmen Farben gehaltenen Blüten bringt die Studentenblume viel Freude in jeden Balkongarten. Sie ist übrigens nicht nur für Menschen attraktiv, sondern lockt auch nützliche Insekten an, die dazu beitragen können, unliebsame Insekten wie beispielsweise Stechmücken abzuschrecken.

Tagetes

BLÜTEZEIT Frühjahr bis Herbst
FAMILIE Korbblütler
LICHT volle Sonne
GIESSEN mäßig
ERDE gut durchlässig
STANDORT Balkon
WINTERHART nein
ERFAHRUNG Anfänger

Die *Tagetes* eignet sich hervorragend für die Bepflanzung von Kübeln; das gilt vor allem für die Niedrige Studentenblume mit ihrer etwas buschigeren, kompakteren Wuchsform. Achten Sie jedoch darauf, die Pflanzen nicht zu dicht nebeneinanderzusetzen, denn Luftzirkulation ist für ihre Gesundheit sehr wichtig! Außerdem brauchen diese Sonnenanbeter mindestens sechs Stunden Sonnenlicht pro Tag.

Die Pflege der Studentenblume ist einfach. Gießen Sie ihre Blumenerde (die gut durchlässig sein sollte) gründlich und lassen sie sie zwischen den Wassergaben austrocknen, damit keine Wurzelfäule oder andere feuchtigkeitsbedingte Krankheiten entstehen können. Die Pflanzen nicht von oben gießen, sondern direkt in die Blumenerde, um Blütenfäule zu vermeiden. Neu eingetopfte Pflanzen sollten an den Spitzen zurückgeschnitten werden, um einen dichten Wuchs zu fördern. Außerdem sollte man abgeblühte Stiele entfernen, um die Pflanze zu neuem Blütenwachstum anzuregen.

Mit insgesamt 2000 Arten, die hauptsächlich aus tropischen und subtropischen Regionen stammen, sind Begonien eine äußerst vielfältige und anpassungsfähige Pflanzengattung. Sie gedeihen sowohl in der Wohnung als auch im Halbschatten auf einem überdachten Balkon.

Ihre Blätter begeistern den Pflanzenliebhaber mit einem breiten Spektrum an Formen, Farben und Oberflächenstrukturen – von den spiralförmig gemusterten Blättern der *Begonia* ›Escargot‹ bis hin zu den Schmuckblatt-Begonien mit ihrem schillernden, kunstvoll gezeichneten Laub. Auch ihre Blüten sind erstaunlich vielfältig.

Bei der Einteilung dieser schönen Pflanzen lassen sich im Großen und Ganzen fünf verschiedene Gruppen von Begonien unterscheiden: rhizomatöse Begonien, Knollenbegonien, Stockbegonien, Wachsbegonien (auch als Semperflorens-Begonien oder – genauer – Begonia Rex-Cultorum-Gruppe bezeichnet) und Rex-Begonien (genauer: Begonia Semperflorens-Cultorum-Gruppe). Aber verzetteln Sie sich nicht mit solchen Wortklaubereien, sondern erfreuen Sie sich einfach an der Schönheit und Vielfalt dieser herrlichen Pflanzengattung!

Begonien werden sowohl wegen ihrer prachtvollen Blätter als auch wegen ihrer schönen Blüten bewundert – wer sich diese Pflanzen ins Haus holt, schlägt also gleich zwei Fliegen mit einer Klappe.

Begonie

BEGONIA ›BILL MORRIS‹ (BEGONIA FOLIOSA) IN EINEM TOPF VON ADELE MACER

BLÜTEZEIT Frühjahr bis Herbst
FAMILIE Schiefblattgewächse
LICHT gefiltert / Halbschatten
GIESSEN mäßig
ERDE gut durchlässig
STANDORT Wohnung / Balkon
WINTERHART nein
ERFAHRUNG grüner Daumen

BEGONIA SP.

Rhizomatöse Begonien wachsen aus einem dicken, fleischigen Rhizom entlang der Erdoberfläche hervor, und zwar das ganze Jahr über. Sie benötigen zur allgemeinen Pflege und Förderung eines buschigen Wachstums im Frühjahr normalerweise einen leichten Rückschnitt. Ihre weiß-rosa Blüten erscheinen vom Spätwinter bis ins Frühjahr hinein.

Knollenbegonien wachsen, wie ihr Name schon sagt, aus Knollen, ähnlich wie Kartoffeln. Sie erreichen im Spätsommer und Herbst eine Höhe von etwa 50 cm und ziehen sich im Winter ein. Dann sollte man die Bewässerung deutlich reduzieren und die vergilbenden Blätter abschneiden.

Die wunderbar pflegeleichten Stockbegonien (auch Engelsflügel-Begonien genannt) mit ihren schilfrohrartigen Stielen bringen Blätter mit auffallender Zeichnung und zierliche hängende Blütentrauben in den verschiedensten Farben hervor. Ein heller Standort mit gefiltertem Licht in der Wohnung oder ein halbschattiges Plätzchen auf dem Balkon bieten diesen Pflanzen die besten Bedingungen dafür, im Frühjahr und Sommer schöne Blüten zu entwickeln.

Die feuchtigkeitsliebenden Wachsbegonien (Hybriden von *Begonia cucullata*) gedeihen am besten an einem warmen Standort mit hoher Luftfeuchtigkeit. Es ist wichtig, ihre nährstoffreiche, aber gut durchlässige Erde stets feucht zu halten. Sie vertragen keine Kälte, also halten Sie auch die Temperaturen konstant. Wachsbegonien gedeihen gut an sehr hellen Plätzen in der Wohnung und kommen auch mit direkter Morgensonne zurecht.

Für Pflanzenfreunde, die eine Vorliebe für dekorative Blätter haben, sind Rex-Begonien die richtige Wahl. Diese Hybriden, die von der indischen Art *Begonia rex* abstammen, bringen zwar nur kleine, unscheinbare Blüten hervor, haben aber dafür auffallend schönes Laub. Besitzer von Rex-Begonien (die auch unter dem Namen Blatt- oder Königsbegonien bekannt sind) schneiden die Blüten oft ab, damit die Pflanzen ihre ganze Energie auf ein kräftiges Blattwachstum konzentrieren können.

BLÜTEZEIT Frühjahr bis Sommer
FAMILIE Lippenblütler
LICHT volle Sonne
GIESSEN wenig
ERDE grobkörnig + sandig
STANDORT Wohnung
WINTERHART hängt von der Art ab
ERFAHRUNG Anfänger

SCHOPFLAVENDEL (*LAVANDULA STOECHAS*)

Lavendel

Mit seinem herrlich beruhigenden Duft und seinen wunderschönen, aber trotzdem dezenten Blüten ist der Lavendel nicht nur für die Augen, sondern auch für den Geruchssinn ein wahrer Genuss; er bringt etwas von der Ruhe in den Garten, die wir in unserer heutigen Zeit so dringend brauchen.

Lavandula

Lavendel wächst hauptsächlich in den Gebirgsregionen des Mittelmeerraums, ist aber auch in Indien und Nordafrika heimisch. Es gibt viele Lavendelsorten mit einer Vielfalt an verschiedenen Blütezeiten sowie Blütenfarben, -formen und -größen. Entgegen der landläufigen Meinung haben nicht alle Lavendelsorten lila Blüten. Manche Hybriden blühen in anderen schönen Pastelltönen wie Blau, Rosa, Weiß, ja sogar Gelb. Auch die Blätter können in Form und Farbe variieren. Um die Blütezeit zu verlängern und die Farbpalette zu erweitern, sollten Sie gleich mehrere Sorten pflanzen.

Im Haus benötigt der Lavendel mindestens vier Stunden direktes Sonnenlicht pro Tag; also stellen Sie ihn in die Nähe eines Fensters. Auch im Freien ist diese Pflanze dankbar für jeden Sonnenstrahl. Sie mag auch gern eine frische Brise; also öffnen Sie ein Fenster und stellen Sie sie nicht zu dicht neben andere Pflanzen. Geben Sie Ihrem Lavendel einen Ton- oder Terrakottatopf mit gut durchlässiger Blumenerde. In freier Natur gedeiht der Lavendel in kargen, trockenen Böden; also überwässern Sie ihn nicht und verabreichen Sie ihm nur ein- oder zweimal im Jahr etwas halbstarken Dünger. Egal ob drinnen oder draußen – Sie sollten Ihren Lavendel gleich nach der ersten Blüte und dann noch ein zweites Mal beschneiden, bevor sich sein Wachstum im Winter verlangsamt.

Französischer Lavendel, der einen milderen Duft hat und dessen Blüten sich besonders lange halten, lässt sich am einfachsten in der Wohnung kultivieren.

BLÜTEZEIT spätes Frühjahr bis Frühherbst
FAMILIE Yamswurzelgewächse
LICHT gefiltert / Halbschatten
GIESSEN mäßig bis viel
ERDE gut durchlässig
STANDORT Wohnung / Balkon
WINTERHART nein
ERFAHRUNG grüner Daumen

TACCA INTEGRIFOLIA

Tacca integrifolia

Weiße Fledermausblume

Sollten Sie jemals an den magischen Fähigkeiten von Mutter Natur gezweifelt haben, werden die spektakulären, kunstvollen Blüten der Weißen Fledermausblume mit ihren langen Barthaaren Sie eines Besseren belehren. Diese Pflanze wird vor allem wegen ihrer Blüten kultiviert, aber auch ihre großen gerippten Blätter sind wunderschön. Wer das Glück hat, diese seltene Schönheit zu ergattern, kann sich in seinem Zimmer- oder Balkongarten das ganze Jahr über an ihr erfreuen.

Die in den tropischen und subtropischen Regenwäldern Mittelasiens beheimatete *Tacca integrifolia* ist eine krautige Pflanze aus der Familie der Yamswurzelgewächse. Der spektakulären Form ihrer Blüten, die an eine Fledermaus in vollem Flug erinnern, verdankt sie ihren umgangssprachlichen Namen »Weiße Fledermausblume«. Es gibt aber auch eine ebenso auffallende schwarz blühende Art *(Tacca chantrieri)* mit filigraneren Blüten, die etwas schwieriger zu kultivieren ist.

In ausgewachsenem Zustand (das ist normalerweise der Fall, wenn sie ein Blattpaar in voller Größe gebildet hat) sollte *Tacca integrifolia* bei richtiger Pflege ab dem späten Frühjahr bis zum frühen Herbst blühen; innerhalb einer Wachstumsperiode kann sie bis zu achtmal Blüten austreiben. Das nenne ich produktiv! Die größte Freude bereitet man dieser Pflanze mit hoher Luftfeuchtigkeit, einem sehr gut durchlässigen Pflanzsubstrat und guter Luftzirkulation (ähnlich wie bei der Pflege von Orchideen).

Regelmäßiges Gießen, wobei man die Blumenerde feucht, aber nicht zu nass halten sollte, ist wichtig. Eingetopfte Fledermausblumen können Sie gießen, indem Sie den ganzen Topf so lange in einen Eimer Wasser tauchen, bis keine Luftblasen mehr aufsteigen, und das überschüssige Wasser dann ablaufen lassen. Das Erfolgsrezept besteht darin, das richtige Gleichgewicht zu finden, sodass die Pflanze zwar feucht genug ist, aber keine »nassen Füße« bekommt, wodurch ihre Wurzeln faulen könnten.

Im Freien gedeiht die Weiße Fledermausblume am besten an einem schattigen Standort, der ihrem natürlichen Lebensraum nachempfunden ist – am Boden des Regenwalds, vom Blätterdach beschattet. Ein heller Standort ohne direkte Sonneneinstrahlung in der Wohnung eignet sich ebenfalls gut für sie; aber wenn die Pflanze nicht blühen will, sollten Sie sie nach draußen stellen. Zum Glück hat die Weiße Fledermausblume kaum Probleme mit Schädlingen; aber auf dem Balkon müssen Sie sich vor Schnecken hüten, die sich gerne an ihren saftigen Blättern gütlich tun.

ROSMARINUS OFFICINALIS ›PROSTRATUS‹ IN EINEM TOPF VON LEAF AND THREAD

Rosmarinus officinalis

Rosmarin

Rosmarinus officinalis ist ein immergrüner Strauch, den wohl die meisten Menschen kennen, denn ohne dieses Kraut kommt in der Küche kaum jemand aus. Auffallend sind nicht nur seine nadelförmigen Blätter, sondern auch die wunderschönen blassblauen Blütenbüschel.

BLÜTEZEIT spätes Frühjahr bis Sommer

FAMILIE Lippenblütler

LICHT volle Sonne / direkt

GIESSEN mäßig

ERDE gut durchlässig

STANDORT Wohnung / Balkon

WINTERHART ja

ERFAHRUNG Anfänger

Mit seinem geradezu berauschenden Duft und seiner magischen Anziehungskraft auf Bestäuber darf der Rosmarin eigentlich in keinem von der Sonne verwöhnten Balkongarten fehlen.

Diese Pflanze kann zwar auch in Innenräumen überleben; doch viele Menschen machen den Fehler, sie ohne jegliche Akklimatisierung in die Wohnung zu holen, dabei kann das plötzliche Fehlen direkter Sonneneinstrahlung verheerende Auswirkungen auf sie haben. Daher sollte man die Sonneneinstrahlung lieber ganz langsam über einen Zeitraum von mehreren Wochen reduzieren. Stellen Sie Ihren Rosmarin an einen hellen Platz im Haus – am besten auf eine Fensterbank, wo er sechs Stunden direktes Sonnenlicht bekommt. Egal ob drinnen oder draußen – sobald sie ausgewachsen ist, verträgt diese Pflanze jede Menge Trockenheit und gedeiht am besten in einem gut durchlässigen Substrat (sogar in sandiger, nicht sonderlich nährstoffreicher Erde). Wirklich eine sehr robuste, anpassungsfähige Schönheit!

Der Kriechende Rosmarin (*Rosmarinus officinalis* ›Prostratus‹) ist eine hübsche Pflanze, deren kriechende Wuchsform sie weniger anfällig für Windschäden macht, sodass sie auch an ungeschützten Standorten gut gedeiht.

Salvia farinacea gehört zur selben Familie wie Rosmarin und Lavendel. Die Ähnlichkeiten in ihrer Blütenform springen auf den ersten Blick ins Auge; außerdem sind beide Pflanzen gleichermaßen beliebt bei bestäubenden Insekten. Wir beobachten gerne die Bienen, die unsere Salbeipflanzen umschwirren und sich an der kleinen Landezone erfreuen, die die Lippenblüten ihnen bieten – ein bequemes Plätzchen, wo Bestäuber sich während ihrer Pollenmahlzeit ausruhen können.

Sobald der Mehlsalbei ausgewachsen ist, verträgt er auch ein bisschen Trockenheit – aber nicht viel. In Töpfen, wo die Erde zwangsläufig schneller austrocknet als in einem Gartenbeet, muss er regelmäßig gegossen werden. Diese Pflanzen brauchen viel Sonne, um zu voller Größe heranzuwachsen und schöne Blüten zu bilden. Bei zu wenig Sonnenlicht werden sie anfällig für Pilzerkrankungen.

Salvia farinacea gehört zu den kompakteren Salbei-Arten und wird ungefähr 60 cm hoch. Ein kräftiger Rückschnitt nach der Blüte tut diesem Salbei gut, damit er seine Energie im Frühjahr in gesundes neues Wachstum stecken kann. Im Kübel wird diese Staude wahrscheinlich nicht älter als fünf Jahre. Sobald sie eingeht, können Sie eine der vielen verschiedenen Sorten von *Salvia farinacea* ausprobieren!

Salvia farinacea

Von den vielen Salbei-Arten und -Sorten ist der Mehlsalbei einer unserer Favoriten. Seine tiefviolettblauen Blütenähren bilden einen hübschen Kontrast zu den hellgrünen Blättern und einen eindrucksvollen Hintergrund für niedrigere Pflanzen.

Mehlsalbei

BLÜTEZEIT Frühjahr bis Herbst
FAMILIE Lippenblütler
LICHT volle Sonne
GIESSEN mäßig
ERDE gut durchlässig
STANDORT Balkon
WINTERHART nur bedingt
ERFAHRUNG Anfänger

BLÜTEZEIT spätes Frühjahr bis Herbst / Frost
FAMILIE Weiderichgewächse
LICHT volle Sonne
GIESSEN mäßig
ERDE gut durchlässig
STANDORT Balkon
WINTERHART nein
ERFAHRUNG Anfänger

CUPHEA X PURPUREA (CUPHEA ›HONEYBELLS‹)

Köcherblümchen

Cuphea

Cuphea ist eine pflegeleichte einjährige Pflanze mit langer Blütezeit, deren Blätter und Blüten uns mit einer großen Vielfalt an Farben, Formen und Größen erfreuen.

Mit ihrem meist kompakten, buschigen Wuchs eignet sich das Köcherblümchen hervorragend für die Bepflanzung von Töpfen oder Kübeln und lässt sich sehr gut mit verschiedenen anderen Pflanzen kombinieren.

Die Blüten sind normalerweise zierlich und röhrenförmig; aber was ihnen an Statur fehlt, machen sie durch ihre Fülle wett; außerdem locken sie viele Bestäuber an. *Cuphea* blüht in verschiedenen Farbtönen – von Orange bis Neonpink – und einer Vielzahl von Farbkombinationen. Viele Sorten bringen Blüten mit modifizierten Blütenblättern hervor, die an übergroße Ohren erinnern.

Die meisten *Cuphea*-Sorten brauchen viel direkte Sonne, damit die Pflanzen reichlich blühen und nicht vergeilen. Denken Sie während der Wachstumszeit daran, die gut durchlässige Erde gleichmäßig feucht zu halten (obwohl die Pflanzen mehr Trockenheit vertragen, sobald sie ein bisschen älter sind). Damit das Köcherblümchen nicht unansehnlich wird, ist ein gelegentlicher Rückschnitt zu empfehlen.

CEROPEGIA AMPLIATA

Ceropegia ampliata

Leuchterblume

Mit ihren fleischigen Stielen, an denen auffallende, unten knollig verdickte, flaschenförmige Blüten sitzen, ist diese Pflanze ein echtes Kuriosum, und ihre umgangssprachlichen Namen – Leuchterblume, Kondompflanze und Buschmannspfeife – tragen noch zu der eigentümlichen Faszination bei, die von ihr ausgeht.

BLÜTEZEIT Spätsommer bis Herbst

FAMILIE Hundsgiftgewächse

LICHT direkt / Halbschatten bis volle Sonne

GIESSEN wenig

ERDE grobkörnig + sandig

STANDORT Wohnung / Balkon

WINTERHART nein

ERFAHRUNG Anfänger

Die Leuchterblume stammt aus Südafrika, wo sie sich im Gebüsch und an Felshängen an anderen Pflanzen entlangrankt. Da sie in einer so heißen, trockenen Umgebung beheimatet ist, verträgt sie sehr viel Trockenheit, aber keine Temperaturen unter 16 °C; sie braucht eine sandige, grobkörnige Erde, die ihre Wurzeln vor Staunässe schützt.

Die unreifen Blätter, die schon nach ein paar Wochen abfallen, wirken ziemlich unscheinbar. Die eigentliche Attraktion dieser Pflanze sind die weiß-grünen Blüten, die sie im Spätsommer (hoffentlich) in Hülle und Fülle austreibt. Interessanterweise wird die *Ceropegia* normalerweise von Fliegen bestäubt, denn ihre röhrenförmigen Blüten sind so konstruiert, dass sie diese Insekten einfangen. Die Haare im Inneren der Blüte zwingen die Fliegen dazu, nach unten zu krabbeln, wo sich der Pollen befindet. Erst wenn die Blüte verwelkt ist, können die Bestäuber wieder entkommen – und übertragen den an ihrem Körper haftenden Pollen dann auf eine andere Pflanze.

Als Zimmerpflanze fühlt sich die Leuchterblume an einem sehr hellen Standort mit etwa vier Stunden direkter Sonneneinstrahlung pro Tag am wohlsten. Sie gedeiht zwar auch ganz gut in der Wohnung; doch sobald sie blüht, sollte man sie lieber ins Freie stellen. Eine monatliche Flüssigdüngergabe in der aktiven Wachstumsphase ist mehr als ausreichend; im Winter sollte man der Pflanze weniger Dünger und auch deutlich weniger Wasser geben.

Wachsblumen blühen in Farbkombinationen aus Rosa, Gelb, Grün, Rot, Pfirsichfarben, Weiß und fast Schwarz. Am häufigsten sind *Hoya carnosa* mit ihren zartrosa Blüten und *Hoya pubicalyx* mit grün-silbern panaschierten Blättern. Die Blüten mancher Arten wirken samtig; andere haben spitzere Blütenblätter, und viele verströmen einen süßen Duft. Die meisten *Hoya*-Arten blühen sporadisch das ganze Jahr über, wobei die Blüte im Sommer normalerweise ihren Höhepunkt erreicht.

Diese Pflanze gedeiht sehr gut in der Wohnung. Einige wenige Arten blühen auch bei indirektem Licht oder im Schatten; doch viele brauchen ein bisschen mehr Sonne, um zur Blüte zu gelangen. Auch der Bewässerungsgrad spielt eine wichtige Rolle: Bei den meisten *Hoya*-Arten sollte man die Blumenerde relativ trocken halten. Manche Arten benötigen außerdem im Winter kühlere Temperaturen (und weniger Wasser), um zur Blüte zu kommen.

Die *Hoya* fühlt sich in gut durchwurzeltem Zustand ziemlich wohl, also lassen Sie sich mit dem Umtopfen ruhig Zeit. Sie braucht nicht viel Nahrung – eine kleine Dosis eines gut verdünnten Düngers während der Blütezeit sollte ausreichen. Wachsblumen mögen es auch nicht, beschnitten zu werden; viel zu groß ist die Gefahr, versehentlich eine Stelle abzuschneiden, an der später neue Blüten entstehen. Lassen Sie ihre Triebe einfach über einen gut beschwerten Topf hängen oder geben Sie der Pflanze die Möglichkeit, an einem Spalier oder mehreren Haken an der Wand hochzuklettern.

Hoya

Die Wachsblume ist eine ganz besondere Pflanze. Ihre Blätter sind ebenso reizvoll wie ihre schönen Blüten; und das will viel heißen, denn die in Dolden stehenden kleinen Sternchenblüten sind wirklich eine Attraktion.

Wachsblume

BLÜTEZEIT Frühjahr bis Sommer, manchmal ganzjährig
FAMILIE Hundsgiftgewächse
LICHT gefiltert / Halbschatten
GIESSEN wenig bis mäßig
ERDE gut durchlässig
STANDORT Wohnung / Balkon
WINTERHART nein
ERFAHRUNG Anfänger

HOSTA *PLANTAGINEA* ›GRANDIFLORA‹ IN EINEM HANDGEFERTIGTEN TOPF VON RICH CAMILLERI

Hosta

Funkie

Die Funkie wird normalerweise eher wegen ihres üppigen gerippten Blattwerks als wegen ihrer Blüten kultiviert; aber es gibt auch ein paar Arten mit besonders hübschen Blüten. Unsere Favoriten sind *Hosta* ›Blue Mouse Ears‹ mit blaugrünen Blättern und hellvioletten Blüten und *Hosta plantaginea* ›Grandiflora‹ mit leuchtend apfelgrünen Blättern und weißen Blüten, die einen starken Duft nach Tuberosen und Gardenien verströmen.

BLÜTEZEIT Sommer bis Herbst

FAMILIE Spargelgewächse

LICHT gefiltert / Vollschatten / Halbschatten

GIESSEN mäßig

ERDE gut durchlässig

STANDORT Wohnung / Balkon

WINTERHART ja

ERFAHRUNG Anfänger

Von dieser aus Japan stammenden Staude, die dichte Horste bildet, wurden über 2500 Sorten aus ursprünglich rund 40 verschiedenen Arten gezüchtet. Die Blätter variieren in der Farbe von Hell- bis hin zu Dunkelgrün-, Blau- und Grautönen; es gibt aber auch gelb und weiß panaschierte Blätter. Die Blüten, von denen manche sehr auffallend wirken, während andere eher unscheinbar sind, stehen hoch über den Blättern.

Diese schattenliebende, pflegeleichte Pflanze gedeiht sowohl in der Wohnung als auch im Freien. Ein Standort mit etwas gedämpfter, aber direkter Morgensonne fördert das Wachstum und sorgt dafür, dass die Panaschierung deutlicher hervortritt. Solange die Pflanze jung ist, sollte man sie gut feucht halten; in ausgewachsenem Zustand verträgt sie Trockenheit etwas besser. *Hosta* ist anfällig für Schnecken; also stellen Sie eine Bierfalle auf. Machen Sie sich keine Sorgen, wenn die Blätter im Winter absterben, denn die Pflanze treibt im Frühjahr mit voller Kraft wieder neu aus. Die Funkie lässt sich leicht teilen, indem man die Pflanze samt Wurzelballen mit dem Messer halbiert, und eignet sich sehr gut als Geschenk.

BLÜTEZEIT spätes Frühjahr bis Frühsommer
FAMILIE Hundsgiftgewächse
LICHT volle Sonne
GIESSEN mäßig
ERDE gut durchlässig
STANDORT Balkon
WINTERHART nein
ERFAHRUNG Anfänger

MANDEVILLA ›ALOHA BRIGHT WHITE‹

Dipladenia

Die auffallenden Blüten dieser aus dem tropischen Südamerika stammenden Kletterpflanze sind eine echte Augenweide. Wenn Sie das Glück haben, in den Tropen zu leben, wird Ihre *Dipladenia* das ganze Jahr über farbenfrohe trompetenförmige Blüten hervorbringen.

In gemäßigteren Zonen können Sie sich im Frühjahr und Sommer an der Blütenpracht erfreuen. Diese sonnenliebende Pflanze ist leider überhaupt nicht winterhart und sollte ins Haus geholt werden, wenn die Temperaturen allmählich zurückgehen.

Die *Dipladenia* ist eine Rankenpflanze, die gern an Stützpfählen oder Spalieren emporwächst. Mit etwas Glück findet sie auf dem Balkon einen Balken und beginnt, spiralförmig daran hochzuklettern. Auch in Hängetöpfen sieht sie mit ihren lang herabhängenden Ranken wunderschön aus. Man kann sie aber auch regelmäßig zurückschneiden, um einen buschigeren, strauchartigen Wuchs zu erzielen – diese Pflanze ist wirklich sehr vielseitig!

Die *Dipladenia* bringt auffallende duftende Blüten in verschiedenen Farben hervor, vom tiefsten Burgunderrot über sämtliche Rosaschattierungen bis hin zu Weiß. Ein heller, sonniger Standort mit mindestens sechs Stunden direkter Sonneneinstrahlung ist die beste Garantie für eine reiche Blüte. In heißeren Klimazonen freut sich die *Dipladenia* über Schutz vor intensiver Nachmittagssonne, die manchmal zu grell für sie ist. Die gut durchlässige Erde sollte während der Wachstumszeit regelmäßig gegossen werden, auch wenn die *Dipladenia* ab und zu ein bisschen Trockenheit verzeiht.

Damit diese schöne Rankenpflanze stets in voller Blüte steht, sollten Sie ihr im Frühjahr und Sommer regelmäßig einen organischen Flüssigdünger geben.

Mandevilla

Ceropegia linearis subsp. *woodii* (auch unter dem Namen *Ceropegia woodii* bekannt) eignet sich wunderbar als Hängepflanze; im Hängetopf oder Regal kommen ihre kaskadenförmig herabfallenden Triebe hervorragend zur Geltung. An einem sehr hellen Standort im Haus, wo sie viel gefiltertes Licht erhält, gedeiht die Leuchterblume am besten und blüht am üppigsten. Auch auf einem überdachten Balkon, der vor der Witterung und der prallen Nachmittagssonne geschützt ist, fühlt sie sich wohl. Dort locken ihre zarten Blüten manchmal Bestäuber an, normalerweise kleine Fliegen und – wenn Sie das Glück haben, in einer Gegend zu wohnen, wo es diese wunderschönen Vögel gibt – auch Kolibris.

Die Leuchterblume sieht nicht nur hübsch aus, sondern ist auch wunderbar pflegeleicht, wobei zu reichliches Gießen den Hauptgrund für eventuell auftretende Probleme darstellt. Aufgrund ihrer halbsukkulenten Blätter hat sie keinen hohen Wasserbedarf; also denken Sie daran, ihre sehr gut durchlässige Erde zwischen den Wassergaben austrocknen zu lassen.

Wenn Sie sich eine Pflanze mit besonderem Charme wünschen, wählen Sie *Ceropegia woodii* f. *variegata* mit ihren wunderschön cremefarben, rosa und grün gesprenkelten Blättern.

Ceropegia linearis subsp. woodii

Diese dekorative Zimmerpflanze hat viele Vorzüge – von den an langen Stielen herabhängenden fleischigen, herzförmigen Blättern bis hin zu den ungewöhnlichen, aber bezaubernden röhrenförmigen Blüten mit zwiebelförmig verdickter Basis, die in den schönsten Lilatönen leuchten.

Hängende Leuchterblume

BLÜTEZEIT Sommer bis Herbst
FAMILIE Hundsgiftgewächse
LICHT gefiltert / Halbschatten
GIESSEN wenig bis mäßig
ERDE gut durchlässig
STANDORT Wohnung / Balkon
WINTERHART nein
ERFAHRUNG Anfänger

ARISTOLOCHIA GRANDIFLORA

Aristolochia

Großblütige Pfeifenwinde

Die Gattung *Aristolochia* umfasst über 400 tropische Pflanzenarten mit geradezu atemberaubenden Blüten. Die meisten sind Rankenpflanzen und werden wegen ihres ungewöhnlichen Aussehens geschätzt, dem sie auch einige ihrer umgangssprachlichen Namen verdanken: Geburtskraut (weil die Blüten an einen Geburtskanal erinnern), Holländerpfeife, Pfeifenblume und Pelikanblume.

BLÜTEZEIT Frühjahr bis Herbst
FAMILIE Osterluzeigewächse
LICHT gefiltert
GIESSEN mäßig bis viel
ERDE gut durchlässig / feuchtigkeitsspeichernd
STANDORT Wohnung / Balkon
WINTERHART nein
ERFAHRUNG grüner Daumen

Die Großblütige Pfeifenwinde *(Aristolochia grandiflora)* bringt eine der größten Blüten der Welt hervor; sie hat uns den Atem verschlagen, als wir sie im Botanischen Garten der Universität Basel zum ersten Mal sahen. Ihre bis zu 20 cm breiten und 60 cm langen Blüten wirken von vorne herzförmig und sind an der Basis knollig verdickt, was man jedoch nur von der Seite erkennt. Sie laufen in einen sehr langen, nach unten hängenden Schwanz aus. Das Herz ist cremefarben und von burgunderroten Adern durchzogen; es öffnet sich in der Mitte zu einer dunklen Höhle, die einen fauligen Geruch verströmt. Dieser Gestank lockt Bestäuber – vor allem Fliegen – an, die in die dahinterliegende Kammer (in der sich die Fortpflanzungsorgane befinden) hineinkrabbeln und dort von den feinen Haaren im Inneren der Blüte eingefangen werden. Erst wenn die Pflanze registriert, dass genügend Pollen an die Fliege abgegeben wurde, lockert sie ihre Härchen und lässt den Bestäuber entkommen. Dieser ganze Prozess dauert oft zwei Tage. Andere Arten wie *Aristolochia arborea* sehen aus und riechen wie Pilze, um die Pilzmücke zum Bestäuben anzulocken.

Manche Sorten gelten in bestimmten Regionen (zum Beispiel Australien) als schädliche Unkräuter. Fragen Sie daher sicherheitshalber immer erst nach, bevor Sie sie in Ihrem Garten anpflanzen. Kultivieren Sie die Großblütige Pfeifenwinde stets in Töpfen und achten Sie darauf, alle Früchte und Samen gründlich zu entsorgen, bevor sie reifen können. Die Pflanzen sind hochgiftig; daher sollten Sie lieber auf sie verzichten, wenn neugierige Haustiere oder Kinder in ihre Nähe kommen könnten. Tragen Sie stets Handschuhe, wenn Sie mit der Großblütigen Pfeifenwinde in Berührung kommen.

Von den dickfleischigen Blättern des Portulakröschens, die viel Wasser speichern, sodass Trockenheit für diese Pflanze kein Problem darstellt, heben sich kleine Blüten mit einem Durchmesser von ungefähr 3 cm in einer Vielfalt von Rosa-, Gelb-, Rot-, Orange-, Violett-, Creme- und Weißtönen ab. Die hübschen gefüllten Blüten erinnern an Mini-Pfingstrosen.

Diese äußerst pflegeleichte Pflanze liebt Hitze und wächst – ähnlich wie das Spanische Gänseblümchen *(Erigeron karvinskianus)* – gern in Felsspalten oder Ritzen alter Gebäude. Wenn Sie sie nicht zu stark gießen und auch nicht überdüngen, wird sie bei Ihnen auch ohne große Pflege gedeihen.

Wie sein bekannterer Cousin, der essbare Portulak *(Portulaca oleracea)*, gilt das Portulakröschen in manchen Gegenden als Unkraut; also behalten Sie es im Auge, damit es sich nicht zu stark ausbreitet, und schneiden Sie einen Großteil der verblühten Blüten ab, damit es sich nicht überall selbst aussät.

Portulaca grandiflora

Bei dieser farbenfrohen, pflegeleichten, aus Brasilien stammenden Sukkulente handelt es sich um eine winterharte einjährige Pflanze, die sich selbst aussät und jedes Jahr wiederkehrt.

Portulakröschen

BLÜTEZEIT Sommer

FAMILIE Portulakgewächse

LICHT volle Sonne

GIESSEN wenig

ERDE gut durchlässig / grobkörnig + sandig

STANDORT Balkon

WINTERHART nein

ERFAHRUNG Anfänger

BLÜTEZEIT Sommer bis Frühherbst
FAMILIE Korbblütler
LICHT volle Sonne
GIESSEN wenig bis mäßig
ERDE gut durchlässig / grobkörnig + sandig
STANDORT Balkon
WINTERHART ja
ERFAHRUNG Anfänger

Färberkamille

Diese gänseblümchenartige Pflanze hat cremegelbe Blüten, die hoch über den schwach duftenden, gefiederten Blättern stehen. Wenn man ihr die richtige Pflege zukommen lässt, blüht sie den ganzen Sommer hindurch und sogar bis in den frühen Herbst hinein.

Cota *tinctoria* (syn. *Anthemis tinctoria*) stammt aus derselben Familie wie die Kamille. Ihre an hohen Stielen sitzenden Blüten, die sich hervorragend als Schnittblumen eignen, sind bei Schmetterlingen und Bienen sehr beliebt.

Diese Pflanze mag kein tropisches Klima, sondern bevorzugt eher gemäßigte Klimazonen. Genau wie in der freien Natur schätzt sie einen gut durchlässigen, leicht sandigen Boden und braucht nicht viel Nahrung: Eine kleine Düngergabe einmal pro Jahr während der Wachstumszeit dürfte ausreichen.

Obwohl die Pflanze Trockenheit recht gut verträgt, sobald sie ausgewachsen ist, bringt sie im Sommer eine reiche Blütenpracht hervor, wenn man sie wenig bis mäßig gießt. Schneiden Sie verblühte Stiele während der gesamten Blütezeit regelmäßig ab; dann wird sie immer wieder neue Blüten ausbilden. Wenn die Saison zu Ende ist, schneiden Sie die Pflanze kräftig zurück, damit sie nicht unansehnlich wird.

Cota tinctoria

Die Dahlie mit ihren auffallenden, sehr plastisch wirkenden Blüten ist eine klassische Schnittblume. Es gibt sie in einer ungeheuren Vielfalt an Blütenfarben, Formen und Größen – von Arten mit tellergroßen Blüten bis hin zu Zwergsorten, die hervorragend in Töpfen gedeihen.

Dahlia

Dahlie

BLÜTEZEIT Spätsommer bis Herbst
FAMILIE Korbblütler
LICHT volle Sonne / Halbschatten
GIESSEN mäßig
ERDE gut durchlässig
STANDORT Balkon
WINTERHART nein
ERFAHRUNG Anfänger

Dahlien wirken nicht nur sehr dekorativ, sondern sind auch ziemlich pflegeleicht und sehen im Topf oder Kübel genauso schön aus wie zusammen mit anderen Schnittblumen in einer Vase.

Angesichts der Vielfalt im Handel erhältlicher Dahlien sollten Sie Ihre Wahl nicht nur vom Aussehen der Blüte abhängig machen, sondern auch von der späteren Größe der Pflanze und von der Eignung der betreffenden Art oder Sorte für den Standort, den Sie ihr bieten können. Dahlia ›Mystic Haze‹ ist eine buschige, horstbildende Sorte mit orange-gelben Blüten, die einen aparten Kontrast zu den dunkelvioletten Blättern bilden. Diese relativ zierliche Pflanze eignet sich sehr gut für einen kleinen Balkon.

Teller-Dahlien, wie man sie liebevoll nennt (beispielsweise *Dahlia* ›Café au Lait‹), brauchen viel mehr Platz und müssen wegen ihrer großen, schweren Blüten normalerweise gestützt werden. Andere Sorten, die zu unseren Favoriten gehören, sind *Dahlia* ›Henriette‹ mit lachsrosa Blüten und spitzen Blütenblättern (wegen ihrer gefüllten, sternförmigen Blüten und gefalteten, stachelig aussehenden Blütenblättern gehört sie zur Kategorie der Kaktus-Dahlien) und *Dahlia* ›Gitty Up‹ mit gekräuselter roter Blütenmitte und flachen äußeren Blütenblättern (eine Anemonen-Dahlie, deren äußere Blütenblätter ein prächtiges Nadelkissen aus kleinen Röhrenblüten umrahmen).

Dahlienknollen setzt man am besten im Frühjahr ungefähr 10 cm tief in die Erde. Zu viel Wasser in der Anfangsphase kann dazu führen, dass die Knollen faulen. Daher sollten die Pflanze so lange, bis sie eine Höhe von ungefähr 15 cm erreicht hat, nur leicht gewässert werden. Ein vollsonniger bis halbschattiger, vor starkem Wind geschützter Standort eignet sich am besten für Dahlien. Sie sind zarte Stauden, was bedeutet, dass sie viele Jahre lang überleben können, aber in kühleren Klimazonen zum Überwintern ins Haus geholt werden müssen.

ALOCASIA BAGINDA ›SILVER DRAGON‹

Alocasia baginda ›Silver Dragon‹

Alocasia ›Silberdrache‹

Viele Zimmerpflanzen werden einzig und allein wegen ihrer außergewöhnlich schönen Blätter kultiviert. Zu diesen Arten gehört *Alocasia baginda* ›Silver Dragon‹.

BLÜTEZEIT spätes Frühjahr bis Sommer
FAMILIE Aronstabgewächse
LICHT gefiltert
GIESSEN mäßig bis viel
ERDE gut durchlässig
STANDORT Wohnung
WINTERHART nein
ERFAHRUNG Experte

Ihre Blüten gelten zwar oft als Nebensache und werden einfach entfernt, damit die Pflanze ihre ganze Energie auf das Wachstum der Blätter konzentrieren kann, aber sie sind auf jeden Fall eine Erwähnung wert.

Zunächst einmal möchte ich darauf hinweisen, dass diese Pflanze nichts für Anfänger ist. Denn die *Alocasia* ›Silberdrache‹, die wegen ihrer Schönheit und ihrer zierlichen Statur auch als »Juwelen-Alocasia« bezeichnet wird, ist hinsichtlich Pflege ungeheuer anspruchsvoll. In der Wohnung blüht sie nur selten; überhaupt kann man sie nur unter sehr speziellen Wachstumsbedingungen zur Blüte bringen.

Als Sorte von *Alocasia baginda*, einer aus Borneo stammenden Art, hat ›Silver Dragon‹ gespenstisch wirkende silbrig-grün glänzende Blätter mit dunkler Mitte. Die auffallende Oberflächenstruktur, der starke Farbkontrast und die dunkle Äderung verleihen den Blättern die Ähnlichkeit mit einer Drachenschuppe, der sie ihren umgangssprachlichen Namen verdankt.

Die Blüten dieser *Alocasia* sind ziemlich unscheinbar. In ihrer Form ähneln sie den Blüten von Einblatt oder Anthurie: Sie bestehen aus einem weißen oder grünen löffelartigen Hüllblatt, das den Blütenkolben umgibt, erscheinen normalerweise vom späten Frühjahr bis in den Sommer hinein und halten sich nur ein paar Tage lang.

Erfahrene Gärtner, die das Glück haben, diese Pflanze zum Blühen zu bringen, können die Blüten manuell bestäuben, damit Samen entstehen; auf diese Weise kann man auch Hybriden züchten. Die männlichen und weiblichen Fortpflanzungsorgane der *Alocasia* sitzen getrennt voneinander am Blütenstand und reifen auch zu unterschiedlichen Zeiten, damit sich die Pflanze nicht selbst befruchtet. Um die Bestäubung zu erleichtern, muss man den Pollen sammeln und so lange aufbewahren, bis die weiblichen Blüten reif sind. Dann kann man ihn mit einem kleinen Künstlerpinsel auf den weiblichen Teil des Blütenstands übertragen – sicherlich eine lohnende Herausforderung für den erfahrenen Pflanzensammler.

Eomecon chionantha

Eomecon chionantha, umgangssprachlich als Schneemohn (manchmal auch Morgenmohn) bezeichnet, hat große graugrüne Blätter mit gewellten Rändern und große, zarte Blüten. Vier reinweiße Blütenblätter, die hoch über den Blättern stehen, umrahmen eine Masse goldener Staubgefäße. Die Blüten erinnern in ihrer Farbe und Symmetrie an Hartriegel.

Obwohl der Schneemohn höchstens 50 cm hoch wird, kann er sich in nährstoffreichem Boden schnell ausbreiten, und seine Horste können einen Durchmesser von bis zu 4 m erreichen. Daher ist es am besten, diese Pflanze, die in manchen Gegenden invasiv ist, in Töpfen zu kultivieren. Sie mag direkte Morgensonne und verträgt auch ein paar Nachmittagssonnenstrahlen, solange man ihre Erde das ganze Jahr über feucht hält.

Die Blüte beginnt im Frühjahr und kann – je nach Klima – bis zum Hochsommer andauern. Im Herbst kann man ihre Samen absammeln, sobald sie an der Pflanze getrocknet sind; im Winter ist der Schneemohn relativ frosthart.

Diese rhizomatöse Staude, die an feuchten Flussufern und in Feuchtwäldern Ostchinas zu Hause ist, gehört zu unseren neuesten Favoriten.

Schneemohn

BLÜTEZEIT spätes Frühjahr bis Sommer

FAMILIE Mohngewächse

LICHT Halbschatten

GIESSEN mäßig bis viel

ERDE feuchtigkeitsspeichernd / gut durchlässig

STANDORT Balkon

WINTERHART ja

ERFAHRUNG Anfänger

BLÜTEZEIT Sommer bis Herbst
FAMILIE Korbblütler
LICHT volle Sonne
GIESSEN wenig bis mäßig
ERDE gut durchlässig
STANDORT Balkon
WINTERHART ja
ERFAHRUNG Anfänger

RUDBECKIA SP.

Sonnenhut

Die leuchtend bunten Blütenblätter der *Rudbeckia* bilden einen starken Kontrast zu dem dunklen Kegel in der Mitte, dem diese Pflanze ihre umgangssprachlichen Namen – Sonnenhut oder Schwarzäugige Susanne – verdankt.

Rudbeckia

Die zur Familie der Korbblütler gehörende *Rudbeckia* bringt gänseblümchenartige Blüten hervor, die meist in fröhlichen Gelbtönen leuchten. Es gibt viele verschiedene Arten und Sorten, die in einer breiten Palette von Sonnenuntergangsfarben blühen: Orange- und Rottönen oder spektakulären Kombinationen aus beidem. Der Sonnenhut macht sich gut auf einem Balkon im Landhausgartenstil. Dank seiner langen, kräftigen Blütenstiele ist er wunderbar als Schnittblume geeignet.

Die *Rudbeckia* ist eine sehr pflegeleichte Pflanze, die Sie im Sommer mit monatelanger Blüte verwöhnt. Sie liebt viel direkte Sonneneinstrahlung. Wenn Ihre *Rudbeckia* gut gedeiht und zur Sonne hinwächst, ist das ein gutes Zeichen dafür, dass ihre Bedürfnisse erfüllt werden.

Wenn Sie dieser Pflanze während der Blütezeit alle 14 Tage einen Flüssigdünger verabreichen, kann es sein, dass sie mehr und größere Blüten hervorbringt. Halten Sie die Erde feucht und entfernen Sie verblühende Stiele; auch das sorgt für eine reichliche Blüte. Der Sonnenhut lockt eine Vielzahl von Bestäubern an und bringt dadurch noch mehr Leben und Freude in Ihren Garten.

Vorbei sind die Zeiten, in denen Hortensien in Omas Garten verbannt wurden. Die riesigen, flauschig wirkenden Blütenbälle sind wieder en vogue, und wir sind geblendet von ihrer Pracht.

Hydrangea

Hortensie

BLÜTEZEIT von Sommer bis Herbst

FAMILIE Hortensiengewächse

LICHT Halbschatten / volle Sonne

GIESSEN mäßig

ERDE gut durchlässig

STANDORT Balkon

WINTERHART nein

ERFAHRUNG Anfänger

Von den Gartenhortensien mit ihren großen blauen, rosafarbenen oder weißen Blütenköpfen bis hin zu den etwas weniger spektakulären Rispenhortensien mit kegelförmigen weißen, erdbeerfarbenen oder grünen Blütenständen gibt es eine Menge verschiedener Sorten, sodass garantiert für jeden Geschmack etwas dabei ist.

Wie von Geisterhand verändert sich die Blütenfarbe dieser Pflanze je nach pH-Wert des Bodens – saurer Boden für Blau und alkalischer für Rosa. Doch unabhängig vom Farbton bringt die Hortensie eine Fülle an Blüten von auffallender Schönheit hervor. Im Allgemeinen fühlen diese Pflanzen sich an einem Standort mit viel gedämpftem Sonnenlicht am wohlsten – zum Beispiel im Kübel in einem vor direkter Nachmittagssonne geschützten Balkongarten (vielleicht haben Sie schon mal einen besonders vorsichtigen Gärtner gesehen, der an sehr heißen Tagen einen Regenschirm über seine Hortensienblüten spannt).

Hortensien haben einen hohen Nährstoffbedarf; im Frühjahr und Sommer wollen sie regelmäßig gedüngt werden und freuen sich über eine nährstoffreiche Blumenerde mit viel organischem Material. Nachdem sie im Winter eine Ruhezeit durchgemacht haben, erwachen sie im Frühjahr wieder zu neuem Leben. Die Zugabe von Langzeitdünger beim Eintopfen bietet ihnen eine gute Starthilfe.

Neue Blüten bilden sich aus den Trieben des Vorjahrs; daher spielt der Schnitt bei der Pflege von Hortensien eine wichtige Rolle: Schneiden Sie Ihre Hortensien im Winter kräftig zurück und entfernen Sie totes Holz und unproduktive Triebe. Nach der Blüte sollten Sie die verblühten Stiele nur 2–5 cm oberhalb eines Knospenpaars abschneiden, dann werden Sie mit einer neuen Blütenpracht belohnt.

STREPTOCARPUS CAULESCENS

Drehfrucht

Mit ihren üppigen samtigen Blättern in sattem Grün und den hübschen violetten, trompetenförmigen Blüten, die an zarten, gebogenen Stielen hängen, ist die Drehfrucht nicht ohne Grund eine beliebte Zimmerpflanze.

BLÜTEZEIT unter bestimmten Wachstumsbedingungen das ganze Jahr über, vor allem im Sommer

FAMILIE Gesneriengewächse

LICHT gefiltert / Halbschatten

GIESSEN mäßig

ERDE gut durchlässig

STANDORT Wohnung / Balkon

WINTERHART nein

ERFAHRUNG Anfänger

Streptocarpus caulescens

Diese pflegeleichte Schönheit kommt in einem Hängetopf, wo man ihre sanft herabhängenden Blüten von unten bewundern kann, besonders gut zur Geltung. In der wärmeren Jahreszeit vergeilt die Pflanze manchmal ein bisschen; aber ein regelmäßiger Rückschnitt sorgt dafür, dass sie wieder eine dichtere, kompaktere Wuchsform entwickelt.

BLÜTEZEIT Frühjahr bis Herbst
FAMILIE Rosengewächse
LICHT volle Sonne
GIESSEN mäßig
ERDE gut durchlässig (am besten Rosenerde verwenden)
STANDORT Balkon
WINTERHART ja
ERFAHRUNG grüner Daumen

ROSA NOASCHNEE ›RED‹ IN EINEM TERRAKOTTA-TOPF VON HAYLEY WEST

Rose

Diese klassische Blume beflügelt die Fantasie der Menschen schon seit Jahrtausenden. Aus rund 150 Arten wurden Tausende von Sorten gezüchtet. Von schlichten, einfach blühenden Sorten bis hin zu Rosen mit großen gefüllten Blüten – in allen möglichen himmlischen Düften und fast allen Farben, die man sich vorstellen kann – werden diese Blumen in Gärten weltweit kultiviert und auch für die Floristik- und Parfümindustrie in großen Mengen angebaut.

Rosa

Diese holzige Staude bevorzugt normalerweise ein kühles, gemäßigtes Klima. Sie benötigt mehr als sechs Stunden direktes Sonnenlicht pro Tag. Also suchen Sie der Rose einen sonnigen Platz auf Ihrem Balkon. Diese Pflanze sollte ziemlich gut vor starker Sonneneinstrahlung geschützt sein, denn die Wurzeln mögen keine Überhitzung. Kleinere Sorten (beispielsweise *Rosa noaschnee* ›Red‹) eignen sich besser für Containergärten.

Rosen benötigen eine nährstoffreiche Blumenerde; am besten Rosenerde. Beginnen Sie im Frühjahr mit dem Düngen, setzen Sie die Düngergaben während der Blütezeit regelmäßig fort und geben Sie eine Schicht Mulch auf die Erde, wenn es wärmer wird. Gießen Sie direkt in die Blumenerde, ohne Blüten und Blätter zu benetzen, da diese für Mehltau oder Fäulnis anfällig sind.

Entfernen Sie die Blütenstiele, sobald sie verblüht sind, und schneiden Sie abgestorbene Zweige ab. Die meisten Rosenarten werfen ihre Blätter ab und bleiben den Winter über kahl. Gönnen Sie Ihrer Rose im späten Winter bis zeitigen Frühjahr einen kräftigen Rückschnitt – ungefähr auf die Hälfte bis zwei Drittel der Pflanze. Schneiden Sie sie mit einer scharfen Gartenschere knapp über den Blattknoten zurück und entfernen Sie bei kompakteren Pflanzen auch die in der Mitte sitzenden Stiele.

Von den auffallend strukturierten ›Ripple‹-Sorten mit tief gerippten, runden Blättern bis hin zum zarten, smaragdgrünen Laub von *Peperomia* ›Amigo Marcello‹ sind die normalerweise recht kleinen, aber hübschen Peperomien aus gutem Grund beliebte Zimmerpflanzen.

Im Gegensatz zu den Blättern sind ihre Blüten ausgesprochen unauffällig. In den Sommermonaten bildet die *Peperomia* (auch Zwergpfeffer genannt) lange, schmale Blütenkolben, die neben den eindrucksvollen Blättern aber normalerweise kaum auffallen. Viele Pflanzenliebhaber schneiden die Blüten ab, damit die Pflanze ihre ganze Energie auf die Produktion neuer Blätter konzentrieren kann.

Wenn Sie eine Vorliebe für die ungewöhnlichen Blüten haben, müssen Sie dieser Pflanze viel helles, gefiltertes Licht bieten und direkte Nachmittagssonne vermeiden, damit die schönen Blätter nicht beschädigt werden.

Sobald die Blütenstiele abgeblüht sind, entfernen Sie sie mit einer scharfen Gartenschere so nah wie möglich an der Basis der Pflanze.

Viele *Peperomia*-Sorten wachsen epiphytisch. Für diese Pflanzen, die einen guten Wasserabzug benötigen, eignet sich Orchideenerde ganz hervorragend. Halten Sie das Substrat relativ feucht; es sollte aber niemals nass sein. Selbst die blutigsten Anfänger unter den Hobbygärtnern werden sich über diese Pflanze freuen, da sie sehr robust ist und auch eine gewisse Vernachlässigung problemlos übersteht.

Die *Peperomia* wird in erster Linie wegen ihrer prachtvollen Blätter geschätzt und kultiviert. Es gibt sehr unterschiedliche Arten und Sorten; die meisten haben fleischige, fast sukkulente Blätter.

Peperomia

PEPEROMIA CAPERATA ›VARIEGATA‹

BLÜTEZEIT Sommer
FAMILIE Pfeffergewächse
LICHT gefiltert
GIESSEN mäßig
ERDE gut durchlässig / Orchideenerde
STANDORT Wohnung
WINTERHART nein
ERFAHRUNG Anfänger

BLÜTEZEIT Sommer bis Herbst
FAMILIE Nachtkerzengewächse
LICHT volle Sonne
GIESSEN wenig bis mäßig
ERDE gut durchlässig / grobkörnig + sandig
STANDORT Balkon
WINTERHART nein
ERFAHRUNG Anfänger

OENOTHERA LINDHEIMERI ›LILLIPOP SODA POP‹

Prachtkerze

Die aus Nordamerika stammende Wildblume *Oenothera lindheimeri* (syn. Gaura lindheimeri) ist eine robuste, aber hübsche Staude.

Oenothera lindheimeri

Die bis zu 1,5 m hoch werdenden, anmutigen Blütenstiele der Prachtkerze mit ihren zarten weißen oder rosafarbenen Blüten, die wie Schmetterlinge im Wind hin und her tanzen, haben Züchter zu Sortennamen wie ›Whirling Butterflies‹ inspiriert.

Diese Pflanze liebt heißes, trockenes Klima und bringt von Frühsommer bis Herbst kontinuierlich vierblättrige Blüten hervor, in deren Mitte lange Staubgefäße sitzen. Ihre Erde sollte ziemlich sandig und gut durchlässig sein – ein zu nährstoffreiches Substrat kann dazu führen, dass sie übermäßig lange, schlaffe Stiele ausbildet.

Obwohl die Prachtkerze in manchen Regionen eine Zeit lang als schädliches Unkraut galt, wurde diese Einstufung inzwischen wieder aufgehoben. Sie eignet sich gut für tiefe Töpfe oder Kübel, in denen die Wurzeln genügend Platz haben, um sich auszubreiten, ohne Ihren ganzen Garten zu überwuchern. Nach der Blütezeit ist ein kräftiger Rückschnitt bis knapp über dem Boden ratsam.

Geranie

Pelargonium

Wenn Sie an die Geranie – eine der beliebtesten Zierpflanzen aller Zeiten – denken, entführt Ihre Fantasie Sie vielleicht in den Vorgarten eines spanischen Hauses, an dessen Wänden überall Terrakottatöpfe stehen, aus denen rote Blüten hervorquellen; oder Sie sehen Hängetöpfe mit kaskadenförmig herabhängender Blütenpracht in allen Regenbogenfarben vor sich, die einen hübschen Rahmen für das malerische Panorama einer Alpenstadt bilden.

Pelargonium darf bei kaum einer Blumenausstellung fehlen und wurde sogar zur Schweizer Nationalblume ernannt. Wenn man dann auch noch berücksichtigt, wie pflegeleicht diese auffallend schönen Pflanzen sind und wie lange ihre Blüten halten – wer könnte da Nein zu ihnen sagen?

Ursprünglich ordnete man diese Pflanze der Gattung *Geranium* zu; aber aufgrund genetischer Untersuchungen wurden viele Pflanzen später in die neuere Gattung *Pelargonium* eingeordnet, die sich am einfachsten anhand ihrer Blüten unterscheiden lässt: Während *Geranium*-Arten fünf Blütenblätter haben, die alle symmetrisch von einem Punkt in der Mitte ausgehen, besitzen *Pelargonium*-Arten zwei obere und drei untere Blütenblätter.

BLÜTEZEIT Sommer bis Herbst
FAMILIE Storchschnabelgewächse
LICHT Halbschatten / volle Sonne
GIESSEN wenig bis mäßig
ERDE gut durchlässig
STANDORT Balkon
WINTERHART hängt von der Art ab
ERFAHRUNG Anfänger

Die Gattung *Pelargonium* umfasst eine große Vielfalt an dekorativen Pflanzen – von den großen, auffallenden Blütenbüscheln der Edelpelargonien bis hin zu den herrlich aromatischen Blättern der Duftpelargonien. Die duftenden Geraniensorten sind auch essbar, und ihre Blütenblätter stellen eine köstliche Bereicherung für Kuchen oder Salate dar. Von Pfirsich- über Zimt- bis hin zu Rosenduft ist garantiert für jeden das passende Aroma dabei! Zu unseren Favoriten gehören *Pelargonium tomentosum* mit seinen herrlich samtigen, nach Pfefferminze duftenden Blättern und *Pelargonium odoratissimum* mit zarten weißen Blüten, deren Blätter einen frischen Apfelduft verströmen. Nach Zitrusfrüchten duftende Geranien (*Pelargonium crispum, Pelargonium citronellum* und verschiedene weitere Sorten) sind ein hervorragendes Insektenschutzmittel, das Mücken von Ihrem Balkon fernhält.

Die meisten *Pelargonium*-Arten sind im südlichen Afrika beheimatet. Viele von ihnen vertragen Hitze und Trockenheit, sind aber nicht frosthart. Geranien fühlen sich im Freien am wohlsten; man kann sie jedoch auch vorübergehend ins Haus holen, um sich an ihren Blüten zu erfreuen. Und da die Geranie am besten in gemäßigtem oder tropischem Klima gedeiht, müssen Sie sie im Winter an einen sonnigen, aber frostfreien Platz stellen.

Schneiden Sie alte Stiele nach der Blüte ab, um das Wachstum neuer Blüten zu fördern, und entfernen Sie alle abgestorbenen Blätter. Schneiden Sie die Pflanze während der Wachstumsphase alle paar Monate zurück. Die Vermehrung ist denkbar einfach: Schneiden Sie einfach einen Steckling ab und legen Sie ihn in Wasser oder in einen mit frischer Blumenerde gefüllten Topf. Gießen Sie regelmäßig, während sich die ersten Wurzeln bilden, und geben Sie Ihrer kleinen Geranie etwas Dünger als Starthilfe, sobald sie ein bisschen größer geworden ist.

Nachdem sie im Frühjahr und Sommer jede Menge Licht getankt haben, besitzen manche Pflanzen erst jetzt genügend Energie, um im Herbst zu blühen. Auch diese sogenannten Spätblüher werden immer noch von vielen Bestäubern umworben – und haben jetzt weniger Konkurrenz.

Herbst

BLÜTEZEIT Herbst bis Winter
FAMILIE Affodillgewächse
LICHT gefiltert / Halbschatten
GIESSEN wenig bis mäßig
ERDE grobkörnig + sandig / gut durchlässig
STANDORT Wohnung / Balkon
WINTERHART nein
ERFAHRUNG Anfänger

ALOE ›VENUS‹

Aloe

Hallo, Aloe! Diese Sukkulenten begeistern den Pflanzenliebhaber mit ihren prächtigen Blättern und noch spektakuläreren Blüten. Und sie bieten auch jede Menge Abwechslung – die Gattung Aloe umfasst über 500 bekannte Arten.

Am bekanntesten ist wohl *Aloe vera*, die schon seit Jahrtausenden als Heilpflanze eingesetzt wird und deren klebriger Saft wahrscheinlich auch Ihren Sonnenbrand schon einmal zum Abklingen gebracht hat. Doch Vorsicht, es gibt nämlich auch ein paar giftige Arten, also achten Sie darauf, welche Pflanze Sie zur Hand haben, bevor Sie sich mit ihrem Saft einreiben. Um die Arten *Aloe ballyi*, *Aloe elata* und *Aloe ruspoliana* sollten Sie lieber einen großen Bogen machen.

Die meisten Aloen blühen monatelang. Ihre auffallenden röhrenförmigen Blüten stehen dicht beieinander; sie hängen an blattlosen Blütenstielen. Die hier abgebildete Hybride blüht bis zu sechs Monate lang. *Aloe* ›Venus‹ treibt ihre auffallenden roten bis weißen Blüten der Reihe nach über einen langen Zeitraum im Herbst und Winter aus. Andere *Aloe*-Blüten erstrahlen von leuchtendem Gelb bis hin zu Orange und Rosa.

Die *Aloe* ist eine pflegeleichte Pflanze, die am ehesten eingeht, wenn man zu viel Aufhebens um sie macht: Zu viel Wasser mag sie beispielsweise gar nicht. Bei den meisten Aloen sollte man das Gießen auf ein Minimum beschränken und sich im Winter damit sogar noch mehr zurückhalten; andere Arten wie beispielsweise die eindrucksvolle Spiralaloe *(Aloe polyphylla)* vertragen auch eine mäßige Bewässerung. Die meisten Arten dieser Gattung lieben helles, gefiltertes Licht mit viel gedämpfter Morgensonne. In Kakteenerde gedeihen diese Pflanzen am besten, und wenn Sie Kieselsteine außen herumlegen, fühlen sie sich sofort wie zu Hause. Sie müssen nur selten umgetopft werden.

Wenn diese fantastische Zimmerpflanze in voller Blüte steht, bietet sie einen wunderschönen Anblick, der für leuchtende Farbtupfer auf der Fensterbank sorgt.

Die dichten, an herabhängenden Trieben sitzenden Blätter des Kussmäulchens sollten vor direkter Sonneneinstrahlung geschützt werden; am besten kommt diese Pflanze in einem Hängetopf oder auf einem Regal in der Wohnung zur Geltung. Auch auf einem überdachten Balkon mit Halbschatten, aber viel hellem Licht fühlt sich das Kussmäulchen wohl. Da diese blühfreudige Pflanze dazu neigt, lange Triebe zu bilden, sollte man sie regelmäßig zurückschneiden, um die Blütenbildung und einen buschigen Wuchs zu fördern.

Das Kussmäulchen gedeiht am besten bei hoher Luftfeuchtigkeit; vor allem in den wärmeren Monaten sollte man es regelmäßig gießen und relativ feucht halten. Da die Pflanze in ihrer Heimat epiphytisch wächst, ist es wichtig, auf eine sehr gut durchlässige Blumenerde zu achten. Gießen Sie sie im Winter seltener; das kann die Blüte anregen.

Nematanthus strigillosus

Die reizenden orangeroten Blüten, die wie aus dem Wasser springende kleine Goldfische aussehen, verraten auf den ersten Blick, wie der umgangssprachliche Name Goldfischpflanze entstanden ist.

Kussmäulchen

BLÜTEZEIT Frühjahr bis Herbst
FAMILIE Gesneriengewächse
LICHT gefiltert / Halbschatten
GIESSEN mäßig
ERDE gut durchlässig
STANDORT Wohnung / Balkon
WINTERHART nein
ERFAHRUNG Anfänger

CATTLEYA SP.

Cattleya

Cattleya

Diese Pflanze wird oft als Königin der Orchideen bezeichnet. Ihre prachtvollen, duftenden Blüten gibt es in den verschiedensten Formen und Farbkombinationen.

BLÜTEZEIT hängt von der Art ab
FAMILIE Orchideengewächse
LICHT gefiltert / Halbschatten
GIESSEN mäßig
ERDE Orchideenerde
STANDORT Wohnung / Balkon
WINTERHART nein
ERFAHRUNG Anfänger

Ursprünglich stammt die *Cattleya* aus Mittel- und Südamerika. Es gibt ungefähr 46 verschiedene Arten und 35 Hybriden, aus denen Sie wählen können. In der Natur wachsen diese Orchideen normalerweise epiphytisch (auf anderen Pflanzen); es sind langsam wachsende, langlebige Pflanzen mit langer Lebensdauer. Ebenso wie *Oncidium* wächst auch die *Cattleya* aus Pseudobulben hervor, die zur Speicherung von Wasser und Nährstoffen für magere Zeiten beitragen.

Sie sollten Ihre *Cattleya* nur dann gießen, wenn das Substrat ausgetrocknet ist (was im Sommer recht häufig vorkommen kann). Achten Sie darauf, dass die Pflanze keine »nassen Füße« bekommt! Bei hoher Luftfeuchtigkeit fühlt sie sich am wohlsten. Sie liebt die Morgensonne; und an ihren Blättern kann man ablesen, ob sie zu viel oder zu wenig Licht bekommt: Bei zu wenig Licht färben sich die Blätter dunkler; vergilbende Blätter hingegen deuten darauf hin, dass die Pflanze zu viel Licht erhält. Am besten sind lindgrüne Blätter – sie sind ein Zeichen dafür, dass Ihre Orchidee sich rundum wohlfühlt.

BLÜTEZEIT hängt von der Art ab; hauptsächlich im Herbst
FAMILIE Orchideengewächse
LICHT gefiltert
GIESSEN mäßig
ERDE Orchideenerde
STANDORT Wohnung
WINTERHART nein
ERFAHRUNG Anfänger

ONCIDIUM ›TWINKLE‹ IN EINEM HANDGEFERTIGTEN TOPF VON TWO SQUIRRELS

Oncidium

Oncidium bringt lange Blütenstiele hervor, an denen viele kleine, filigrane Blüten sitzen. Der englische Name dieser Orchidee lautet »Dancing Lady Orchid«, weil ihre Blüten an die schwingenden Röcke tanzender Mädchen erinnern.

Oncidium blüht normalerweise in Gelb- und Brauntönen; mittlerweile entstehen aber auch immer mehr Arten und Sorten mit weißen, rosafarbenen, roten, grünen und violetten Blüten, die teilweise sogar duften.

Diese Orchideengattung, die sehr unterschiedliche Arten umfasst, ist äußerst anpassungsfähig und gedeiht in den verschiedensten Lebensräumen und unter sehr vielfältigen Wachstumsbedingungen. Das macht sie zu einer optimalen Orchidee für Anfänger.

Oncidium benötigt viel gefiltertes Licht, Luftfeuchtigkeit und Luftzirkulation. Da die Orchidee meist epiphytisch lebt, bevorzugt sie ein sehr gut durchlässiges Substrat. Obwohl sie Trockenheit recht gut verträgt, sollten dünnblättrige Arten häufiger gegossen werden als solche mit dicken, fleischigen Blättern.

Sie können die Blüte fördern, indem Sie die Pflanze kühleren Nachttemperaturen aussetzen. Unter den richtigen Wachstumsbedingungen kann sie bis zu dreimal pro Jahr an ein und derselben Rispe blühen; daher sollten Sie verblühte Stiele nicht abschneiden.

Zurzeit gibt es über 1000 *Oncidium*-Hybriden. *Oncidium* ›Twinkle‹ ist eine zierliche Schönheit, die aus *Oncidium cheirophorum* und *Oncidium ornithorhynchum* gezüchtet wurde. Diese blühfreudige Hybride bringt das ganze Jahr über (vor allem im Herbst) wunderschöne zarte Blüten hervor.

Oncidium

Eine unserer Favoritinnen ist die Frauenschuh-Orchidee *(Paphiopedilum)*, deren reizvolle, auffallende Blüten hoch über dem Blattfächer stehen. *Paphiopedilum* gibt es in einer enormen Vielfalt an Farben, Mustern und Varianten der pantoffelähnlichen Blütenform. Die oft hell-dunkelgrün gesprenkelten Blätter bieten auch dann einen interessanten Anblick, wenn die Pflanze nicht blüht.

Die Blüte dieser Orchideenart kann ein bis drei Monate lang anhalten. Uns haben es vor allem die limonengrün blühende Sorte *Paphiopedilum* ›Yi-Ying Green Coral‹ und die spektakulär gestreiften und gefleckten Blüten von *Paphiopedilum* ›Ruby Leopard‹ angetan.

Diese Orchideen gedeihen in ihrer Heimat unter ähnlichen Witterungsbedingungen, wie sie auch bei uns in der Wohnung herrschen – gemäßigt und beständig. Sie können zwar durchaus ein bisschen Kälte vertragen und werden in milden Klimazonen manchmal auch im Freien kultiviert, blühen aber am ehesten in der Wohnung.

Im Gegensatz zu vielen anderen Orchideen besitzen Frauenschuh-Orchideen keine

Als ungeheuer beliebte und abwechslungsreiche Pflanzengruppe sind Orchideen in vielen Zimmergärten zu finden. Weltweit gibt es über 25 000 bekannte Orchideenarten.

Frauenschuh-Orchidee

BLÜTEZEIT Herbst bis Frühjahr
FAMILIE Orchideengewächse
LICHT gefiltert / Halbschatten
GIESSEN mäßig
ERDE Orchideenerde
STANDORT Wohnung / Balkon
WINTERHART nein
ERFAHRUNG grüner Daumen

Pseudobulben (oberirdisch wachsende, zwiebelähnliche Gebilde, mit deren Hilfe Pflanzen Wasser und Nährstoffe speichern); daher müssen sie ein bisschen öfter gegossen werden. Wenn es Zeit für einen Drink ist, bevorzugt die Pflanze lauwarmes Wasser. Geben Sie ihr eine gut durchlässige Orchideenerde, an der sich ihre terrestrisch wachsenden Wurzeln festhalten können, und gießen Sie sie im Winter, wenn sie nicht so viel Feuchtigkeit und Energie verbraucht, seltener.

Eine gelegentliche Dosis eines stark verdünnten Zimmerpflanzen-Flüssigdüngers oder Orchideendüngers gibt ihr den Energieschub, den sie zum Blühen braucht. Wenn ihre langlebigen Blüten schließlich abgestorben sind, schneiden Sie den Blütenstiel an der Basis der Pflanze ab. Auch die Blätter beginnen nun zu verblassen und sterben schließlich ab. Schneiden Sie diese ebenfalls an der Basis ab, wenn sie braun geworden sind. In der Zwischenzeit dürfte Ihre Frauenschuh-Orchidee ein bis zwei Jungpflanzen hervorgebracht haben – diese werden die Mutterpflanze ersetzen und hoffentlich ebenfalls Blüten bilden, wenn Sie ihre Pflegeanforderungen konsequent erfüllen.

Vögel + Bienen / Samantha McIntyre

Wir sind Samantha McIntyre zum ersten Mal auf Instagram (@thesodafountain) begegnet und waren von ihren wunderbar (und absichtlich) schiefen Keramiken mit den kunstvollen Karomustern sofort begeistert.

Als Künstlerin, die hauptsächlich mit Keramik arbeitet und malt, bringt Samantha ihre originelle Ästhetik in alle Aspekte ihres Lebens ein – von ihrer Kunst bis hin zu ihrem Haus und dem ausgedehnten Dachgarten. Ihre enge Beziehung zu Bienen hat sie dazu inspiriert, Blütenpflanzen in harmonischem Einklang mit der Natur zu kultivieren.

WAS FÜR PFLANZEN WACHSEN IN IHREM DACHGARTEN?

Wir haben jede Menge Sukkulenten und Kakteen, die über den ganzen Dachgarten verstreut wachsen, aber auch ein paar Granatapfelsträucher – ihre kleinen roten Blüten haben sich gerade geöffnet und sehen so reizend aus! Es gibt auch einen Zitronenbaum, einen Feigenbaum, den ich vor Kurzem entdeckt habe, und Rittersporn, der gerade geblüht hat; außerdem versuche ich gerade, eine neue Dahlie heranzuziehen.

WIR FINDEN ES SCHÖN, WENN GÄRTEN VON PÄCHTER ZU PÄCHTER ODER VON EIGENTÜMER ZU EIGENTÜMER WEITERGEGEBEN WERDEN UND JEDER IHNEN SEINEN PERSÖNLICHEN STEMPEL AUFDRÜCKT. HABEN SIE EINEN TEIL IHRER DACHGARTENPFLANZEN VOM VORGÄNGER GEERBT ODER ALLES SELBST GEPFLANZT?

Die meisten Pflanzen haben wir von der Besitzerin übernommen. Als wir hier einzogen,

OBEN: SAM POSIERT MIT EINER KLEINEN PHALAENOPSIS; RECHTS: IHR ORIGINELLES ZUHAUSE IST MIT SORGFÄLTIG ZUSAMMENGESTELLTEN MÖBELSTÜCKEN UND INTERESSANTEN OBJEKTEN ANGEFÜLLT.

war der Dachgarten von Unkraut überwuchert. Als wir ihr Vorher-nachher-Bilder von meinen Unkrautjätaktionen schickten, war sie ganz begeistert. Wir haben den Garten dann noch mit ein paar Blütenpflanzen wie beispielsweise Astern, Rittersporn und Lavendel angereichert, auch die Gräser in den Teich gepflanzt (die sich in den darauffolgenden Jahren immer wieder selbst ausgesät haben) und den ursprünglichen Garten mit viel Liebe gepflegt.

HABEN SIE EIN PAAR TIPPS FÜR DIE PFLEGE EINES GARTENS IN VOLLSONNIGER LAGE MITTEN IN DER GROSSSTADT?

Viel Wasser an sehr heißen Tagen, wenn es für Ihre Pflanzen keinen Sonnenschutz gibt; und denken Sie immer daran, Ihren Bienen und Vögeln eine Wasserquelle anzubieten!

OBEN: EINE BLÜHENDE OXALIS; MITTE: SCHNITTBLUMEN SETZEN INTERESSANTE AKZENTE IN DER WOHNUNG; RECHTS: DIESE ROTE GRANATAPFELBLÜTE IN SAMANTHAS DACHGARTEN ÖFFNET SICH GERADE.

WELCHE ROLLE SPIELEN BIENEN IN IHREM LEBEN? WELCHEN EINFLUSS HABEN SIE AUF IHRE ART DES GÄRTNERNS UND IHRE BEZIEHUNG ZUR NATUR?

Bienen sind für mich sehr wichtig – nicht nur, weil sie für unser Ökosystem eine so entscheidende Rolle spielen, sondern auch, weil der Umgang mit Bienen mit der Zeit zu einer meditativen Praxis geworden ist und sich positiv auf meine seelische Gesundheit auswirkt. Imkerei ist eine sehr langsame, bedächtige Aktivität; man muss geistig stets präsent sein, wenn man einen Bienenstock öffnet, sonst kann man gestochen werden. Das vibrierende Summen dieser wunderschönen Insekten inmitten der Geräusche der Natur und der Großstadt wirkt sehr beruhigend. Ich liebe dieses Gesumme und diese Insekten einfach so sehr. Es ist ungeheuer beruhigend, sie auf den Pflanzen im Teich sitzen zu sehen – sie nutzen die Blätter als Landeplatz, um sich am Wasser aus dem Teich zu laben, ohne zu ertrinken – eine gute Gelegenheit, sich vor Augen zu halten, dass nicht alles im Leben schlecht ist. Wir haben uns noch mehr Blütenpflanzen angeschafft, um den Bienen eine Nahrungsquelle auf unserem Dach anbieten zu können; diese Pflanzen sind inzwischen doppelt so groß und blühen immer häufiger. Deshalb sind Bienen so wichtig. Sie sind in vielerlei Hinsicht meine Helden.

WAS KÖNNEN WIR TUN, UM UNSERE INSEKTENPOPULATIONEN GESUND UND GLÜCKLICH ZU ERHALTEN?

Verwenden Sie niemals Pestizide! Wenn eine Ihrer Pflanzen krank geworden ist, recherchieren Sie nach natürlichen Methoden zu ihrer Behandlung. Bieten Sie Ihren Insekten stets eine sichere Wasserquelle mit Landeplatz, wo sie sich hinsetzen und trinken können, und kultivieren Sie in Ihrem Garten oder auf dem Balkon sowohl heimische als auch eingeführte Blütenpflanzenarten, um Bienen und anderen summenden Bestäubern Nahrung zu bieten. Wenn Sie im Frühjahr einen Bienenschwarm sehen, rufen Sie einen Imker aus Ihrer Gegend an; lassen Sie niemals zu, dass der Schwarm getötet wird! Ein Bienenschwarm ist so etwas Schönes – der Superorganismus der Bienen, der sich von seinem Mutterstock trennt, um sich auszubreiten und zu vermehren. Wir siedeln gern Bienenschwärme in unserem Garten an, um ihnen ein neues, sicheres Zuhause zu bieten.

»Bienen sind für mich sehr wichtig – nicht nur, weil sie für unser Ökosystem eine so entscheidende Rolle spielen, sondern auch, weil der Umgang mit Bienen mit der Zeit zu einer meditativen Praxis geworden ist und sich positiv auf meine seelische Gesundheit auswirkt.«

IHR ZUHAUSE IST EIN WUNDERSCHÖNES ROMANTISCHES SAMMELSURIUM VON MÖBELSTÜCKEN, KUNSTWERKEN UND DEKORATIVEN OBJEKTEN. HABEN SIE DIESE INNENEINRICHTUNG SORGFÄLTIG GEPLANT, ODER HANDELT ES SICH DABEI EHER UM EINEN FORTLAUFENDEN, NATÜRLICHEN PROZESS?

Manche Einrichtungsgegenstände (zum Beispiel unseren Esstisch und die antiken Schränke) haben wir von unserem Vermieter übernommen; der Rest hat sich im Lauf der Jahre angesammelt. Ich habe das Haus inzwischen schon ein- oder zweimal umgeräumt, um alles dort zu platzieren, wo es sich für mich am besten anfühlt, nachdem ich ein paar Wochen darüber nachgedacht hatte. Wahrscheinlich ist das in erster Linie ein intuitiver Prozess. Ich habe gern mehrere Plätze zum Sitzen oder Liegen, und es ist wichtig für mich (und meine Katzen), im Lauf des Tages immer wieder an die Sonne gehen zu können. Kunstwerke und zufällige Objekte vervollständigen nicht nur einen Raum, sondern füllen auch die Leerstellen in unserer Seele.

SIE SIND BEKANNT FÜR IHRE WUNDERBAR ORGANISCH GEFORMTEN GEFÄSSE MIT KUNSTVOLLEN KAROMUSTERN. DIE KLEINEN EIERBECHER GEHÖREN ZU UNSEREN GANZ BESONDEREN FAVORITEN (UND AUCH DIE ERDBEERVASE HAUT UNS IMMER WIEDER UM!). KÖNNEN SIE UNS ETWAS DARÜBER ERZÄHLEN, WIE SIE ARBEITEN? HAT DIE NATUR EINFLUSS AUF IHRE ARBEITSWEISE?

Mein Schreibtisch steht vor einem großen Fenster, das auf den Garten, unsere Bienenstöcke und die Stadt hinausgeht; diese Szenerie habe ich also stets vor Augen, wenn ich meine Gefäße anfertige und zwischendurch vor mich hin träume. Meine Arbeit hängt stark von meiner Stimmung ab – wenn ich lustlos bin oder mich nicht inspiriert fühle, versuche ich normalerweise gar nicht erst, etwas Künstlerisches zu schaffen; denn sonst arbeite ich womöglich zwei Stunden lang an einer große Keramikschale, nur um sie dann zusammenfallen zu sehen, was sehr demotivierend ist. Wenn ich dagegen traurig bin, schenkt es mir ein Gefühl der Leichtigkeit und Geborgenheit, meine Karomuster zu glasieren.

WELCHE KERAMIKER UND SONSTIGEN KÜNSTLER MÖGEN SIE BESONDERS GERN?

Cy Twombly, Simone Bodmer-Turner, Cécile Daladier, Harley Weir, Anna Karina, Ruth Asawa, Salvador Dalí, Picasso, Andy Warhol, Jean-Michel Basquiat, Guy Bourdin und viele andere.

OBEN UND RECHTS: ÜBERALL STÖSST MAN AUF SAMS HANDGEFERTIGTE, KUNSTVOLL BEMALTE KERAMIKGEFÄSSE.

REN HANG
TASCHEN

Diese elegante Schönheit ist eine klassische Zierpflanze, die unsere Wohnungen schon seit Jahrhunderten schmückt. Sie bringt zarte, meist nach unten gerichtete Blüten in einer großen Vielfalt an weißen, rosa, roten und violetten Farbtönen hervor. Die dekorativen Blätter können rund, kantig oder herzförmig sein und sind oft in verschiedenen Grün- oder Silberschattierungen gemustert. Manche Sorten verströmen einen köstlichen Duft. In der freien Natur wächst das Alpenveilchen an Berghängen in den Alpen und im Mittelmeerraum; eine Art ist sogar in Somalia heimisch.

Cyclamen

Alpenveilchen

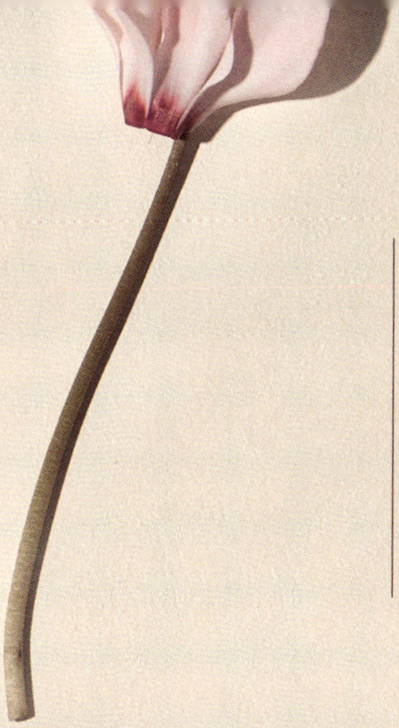

BLÜTEZEIT hängt von der Art ab
FAMILIE Primelgewächse
LICHT gefiltert / Vollschatten / Halbschatten
GIESSEN wenig bis mäßig
ERDE gut durchlässig / feuchtigkeitsspeichernd
STANDORT Wohnung / Balkon
WINTERHART ja
ERFAHRUNG Anfänger

Es gibt zwei verschiedene Kategorien von Alpenveilchen: Zimmer-Alpenveilchen (meist Hybriden von *Cyclamen persicum*), die am besten in der Wohnung gedeihen und von Herbst bis Frühjahr blühen, und die robusteren Freiland-Alpenveilchen wie *Cyclamen purpurascens, Cyclamen hederifolium* oder *Cyclamen coum*, von denen einige auch im Sommer blühen.

In der Wohnung braucht Ihr Alpenveilchen einen kühlen Standort, der ihm dennoch ein bisschen Luftfeuchtigkeit bietet, und viel gefiltertes Licht. Obwohl manche Leute das Alpenveilchen für eine Wegwerfpflanze halten und es nach der Blütezeit entsorgen, ist das doch eigentlich eine große Verschwendung – gönnen Sie der Pflanze lieber ein bisschen Pflege, um sich jedes Jahr aufs Neue an ihr erfreuen zu können!

Da das Alpenveilchen aus einer Knolle hervorwächst, sollten Sie ihm nicht zu viel Wasser geben, sonst kann es faulen. Gießen Sie die Pflanze, sobald die obersten 2–5 cm der Erde ausgetrocknet sind. Aber geben Sie das Wasser direkt auf die Blumenerde und nicht auf die Blätter, da dies ebenfalls zu Fäulnis beitragen kann! Schlaff herabhängende Blätter oder Blüten sind wiederum ein sicheres Zeichen dafür, dass die Pflanze großen Durst hat. Lassen Sie es am besten gar nicht erst so weit kommen!

Schneiden Sie die Blüten oder Blätter an der Basis des Stiels ab, wenn sie abzusterben beginnen. Wir finden es am praktischsten, die Stiele zu drehen und anschließend herauszudrücken (oder zu ziehen); aber achten Sie darauf, dass keine Reste davon an der Pflanze zurückbleiben!

Nach der Blüte geht das Alpenveilchen in eine Ruhephase. Wenn es sich bei Ihrer Pflanze (wie bei den meisten Zimmer-Alpenveilchen) um einen Winterblüher handelt, gießen Sie nicht mehr, sobald die Blätter abzusterben beginnen. Stellen Sie Ihr Alpenveilchen an einen kühlen, trockenen Ort oder pflanzen Sie es in den Garten (wenn Sie das Glück haben, einen zu besitzen). Gießen Sie es sparsam, bis das Wetter wieder kühler wird. Dann können Sie die Pflanze wieder an ihren gewohnten Standort stellen, düngen und regelmäßig gießen.

Die widerstandsfähigeren Freiland-Alpenveilchen, die denen in der freien Natur ähneln, gedeihen an einem Platz auf dem Balkon mit viel diffusem Licht besonders gut. Egal ob in der Wohnung oder im Freien – Alpenveilchen fühlen sich in gut durchwurzeltem Zustand am wohlsten; daher sollten Sie ihnen nur alle paar Jahre einen etwas größeren Topf geben.

Die zarten, offenen Blüten der Herbst-Anemone sitzen auf drahtigen Stielen über den dekorativ wirkenden Blättern. Bei Sorten, die entweder reinweiß, hellrosa oder in einem dunkleren Magentarot blühen, umrahmen die blütenblattähnlichen Kelchblätter ein dichtes Büschel goldener Staubgefäße. Ihre Blüten, die so wunderschön im Wind tanzen, haben dieser Pflanze einen ihrer umgangssprachlichen Namen (Windröschen) eingetragen.

Die Herbst-Anemone gedeiht am besten in kühleren Klimazonen, kommt aber auch in gemäßigtem Klima gut zurecht. Sie fühlt sich im Halbschatten sehr wohl, benötigt aber etwas gedämpfte Nachmittagssonne oder direkte Morgensonne. Die Blüten erscheinen, sobald die Sommerhitze allmählich nachlässt, und läuten den Wechsel der Jahreszeiten ein. Entfernen Sie nach der Blüte die Blütenstiele und alle unansehnlich gewordenen Blätter, indem Sie sie an der Basis der Pflanze abschneiden. So sorgen Sie dafür, dass Ihre Pflanze auch weiterhin gepflegt aussieht, beugen Fäulnisproblemen vor und fördern vor allem den Austrieb neuer Blätter.

Eriocapitella ist sehr wuchsfreudig und vermehrt sich leicht über Samen und Rhizome. Wenn Sie vermeiden möchten, dass die Pflanze sich allzu sehr ausbreitet, entfernen Sie die Samenköpfe, bevor sie reif sind, und schneiden Sie alle aus den Rhizomen hervorsprießenden Ausläufer zurück. Für uns ist die Ausbreitungsfreudigkeit dieser Pflanze jedoch kein großes Problem, denn wir können gar nicht genug von ihr bekommen!

Eriocapitella

Die Gattung *Eriocapitella* (Herbst-Anemone oder Windröschen) umfasst sechs ähnlich aussehende Arten, zu denen auch die beliebten *Eriocapitella hupehensis* und *Eriocapitella japonica* gehören. Diese aus Asien stammenden Stauden haben schon seit Langem einen besonderen Platz in unseren Herzen.

Herbst-Anemone

ERIOCAPITELLA HUPEHENSIS IN EINEM TOPF VON ADELE MACER

BLÜTEZEIT Spätsommer bis Herbst
FAMILIE Hahnenfußgewächse
LICHT Halbschatten
GIESSEN mäßig
ERDE feuchtigkeitsspeichernd / gut durchlässig
STANDORT Balkon
WINTERHART ja
ERFAHRUNG Anfänger

Essbare Pflanzen im Balkongarten sind nicht nur ein schöner Anblick, sondern auch sehr praktisch. Ist es nicht eine reizvolle Vorstellung, mit einem Griff aus dem Fenster ein paar Kräuter für einen Salat oder etwas süßes Obst zum Naschen zu pflücken? Erdbeeren sind eine wunderbare Ergänzung für den Containergarten, weil sie den Hobbygärtner mit hübschen kleinen Blüten erfreuen, bevor sie Früchte tragen – und nicht viel Platz in Anspruch nehmen.

BLÜTEZEIT Spätherbst bis Winter
FAMILIE Rosengewächse
LICHT volle Sonne
GIESSEN mäßig
ERDE gut durchlässig / feuchtigkeitsspeichernd
STANDORT Balkon
WINTERHART ja, braucht aber Schutz vor Frost
ERFAHRUNG Anfänger

Fragaria

Erdbeere

Der Geschmack von Erdbeeren weckt bei Sophia lebhafte Erinnerungen daran, wie sie als Kind im Garten ihres Großvaters lernte, Pflanzen anzubauen; und sie weiß auch noch, wie sie vor einiger Zeit zusammen mit den jüngeren Mitgliedern ihrer Familie in den Schweizer Alpen Erdbeeren sammeln ging. Kindern macht es großen Spaß, Erdbeeren zu pflücken, und sie essen sie auch sehr gern; daher kann man ihnen anhand dieser Pflanze sehr gut die Freude am Anbau von eigenem Obst und Gemüse vermitteln.

Es gibt ungefähr 20 verschiedene Erdbeerarten, aber auch viele Hybriden und Sorten. Streng genommen bringt diese aus der Familie der Rosengewächse stammende Pflanze keine Beeren, sondern Sammelfrüchte hervor. Unser absoluter Favorit ist die zierliche und sehr geschmacksintensive Alpen-Erdbeere *(Fragaria vesca)*, die auch in Weiß (*Fragaria vesca* ›White soul‹) gezüchtet worden ist, um außergewöhnliche Farbakzente in den Garten (und auf den Teller) zu bringen.

Eine klassischere Sorte ist *Fragaria x Ananassa* ›Rubygem‹, die in Ihrem Balkongarten eine Fülle schmackhafter Früchte hervorbringen dürfte. All diese Sorten haben klassische weiße Blüten; es gibt aber auch ein paar andere interessante Sorten mit rosa oder sogar roten Blüten.

Die meisten Arten beginnen im Spätherbst oder frühen Winter zu blühen, wenn sich die Dauer der Tage auf weniger als zwölf Stunden verkürzt. Aus den Blüten entwickeln sich dann, wenn das Wetter wärmer wird, allmählich Früchte. Erdbeeren brauchen viel Sonne und eine gute Luftzirkulation, um zu überleben. Sie gedeihen am besten in gemäßigtem Klima; viele Arten vertragen aber auch Frost, wenn sie in einer halbwegs geschützten Umgebung stehen. Sie haben ein flaches Wurzelsystem, benötigen jedoch eine nährstoffreiche Erde; neben regelmäßigen Düngergaben sollten Sie also auch Kompost unter die Erde mischen. Ein Tomatendünger eignet sich sehr gut dafür. Wenn Sie die Pflanzen mulchen, kann die Erde die Feuchtigkeit besser speichern; außerdem kommen die Früchte dann nicht mit der Erde in Berührung.

Die köstlichen Beeren sind bei Schnecken und anderen Schädlingen äußerst beliebt. Daher sollten Sie eine kleine, mit Bier gefüllte Schale aufstellen, um diese Fressfeinde zu fangen, und die Pflanzen bei Bedarf auch mit Cloches abdecken, um Vögel fernzuhalten.

BLÜTEZEIT Herbst bis Frühjahr
FAMILIE Teestrauchgewächse
LICHT Halbschatten
GIESSEN mäßig bis viel
ERDE gut durchlässig / Kamelienerde
STANDORT Balkon
WINTERHART ja
ERFAHRUNG grüner Daumen

CAMELLIA SASANQUA ›PARPETWHI‹

Camellia

Kamelie

Die Kamelien mit ihren immergrünen Blättern und langlebigen Blüten werden schon seit Jahrhunderten erfolgreich in Töpfen kultiviert.

Die beiden häufigsten Arten sind *Camellia sasanqua* und *Camellia japonica*. *Camellia sasanqua* hat kleinere, zartere Blüten, blüht aber dafür reichlicher. Diese Art verträgt etwas mehr Sonne, ist jedoch nicht sehr kältetolerant. Normalerweise blüht sie von Herbst bis Winter, während die Blüte von *Camellia japonica* vom Herbst bis zum Frühjahr andauert.

Dank der vielen leidenschaftlichen Kamelienliebhaber wurden über 20 000 verschiedene Sorten von dieser Pflanze gezüchtet. Ihre Blütenfarben reichen von Weiß über Pink, Rot- und Gelbtöne bis hin zu gesprenkelten Kombinationen aus all diesen Farben. Außerdem bringt die Kamelie verschiedene Blütenformen hervor – von einfachen bis hin zu pfingstrosenähnlich gefüllten Blüten. Diejenigen von ›Parpetwhi‹ (siehe Foto) haben weiße Blütenblätter und eine gelbe Mitte und verströmen einen leichten Duft. Diese Sorte wurde als kleinerer, kompakter Strauch gezüchtet – genau die richtige Größe für einen Topf auf dem Balkon.

Kamelien brauchen einen bestimmten pH-Wert (sauer, zwischen 5,0 und 6,5), um zu gedeihen. Die meisten Gärtnereien dürften Kamelienerde vorrätig haben; es lohnt sich, sie zu kaufen, um Ihrer Pflanze die richtigen Voraussetzungen für ein gutes Wachstum zu bieten. Diese gut durchlässige Erde trocknet ziemlich schnell aus; also behalten Sie Ihre Pflanze im Auge und gießen Sie sie gründlich, sobald die oberen 2 cm der Blumenerde ausgetrocknet sind. Man kann die Pflanzen auch mulchen, damit sich die Feuchtigkeit im Topf besser hält, wobei Sie jedoch darauf achten sollten, einen gewissen Abstand zwischen Mulchschicht und Stamm zu lassen, damit sich an der Basis der Pflanze keine Feuchtigkeit staut, die zu Kragenfäule führen kann. Während der Ruhezeit benötigt die Kamelie einen halbstarken wasserlöslichen Spezialdünger für säureliebende Pflanzen.

Kamelien vertragen einen halbsonnigen bis vollschattigen Standort, müssen aber vor der heißen Sonne geschützt werden. Schneiden Sie Ihre Pflanze gleich nach der Blüte leicht zurück. Warten Sie nicht zu lange damit, sonst laufen Sie Gefahr, gesunde neue Triebe oder Blütenknospen abzuschneiden! Wenn Sie mindestens 2,5 cm von der Spitze jedes Zweigs entfernen, wird die Pflanze viel buschiger, sobald sie wieder zu wachsen beginnt. Alle zwei bis drei Jahre sollten Sie Ihre Kamelie umtopfen.

Zu unseren Lieblingssorten gehören *Camellia japonica* ›Alba simplex‹ mit schlichten, ungefüllten weißen Blüten, *Camellia japonica* ›Black Magic‹ mit tiefroten und *Camellia japonica* ›Tinker Toy‹ mit rot gestreiften Blüten.

HEUCHERA ›BLONDIE‹

Purpurglöckchen

Heuchera

Diese kräftige, pflegeleichte, dekorative Pflanze bringt lange Blütenähren hervor, die sich stolz über den gekräuselten, farbenfrohen Blättern erheben.

BLÜTEZEIT spätes Frühjahr bis Herbst
FAMILIE Steinbrechgewächse
LICHT Halbschatten
GIESSEN mäßig
ERDE gut durchlässig
STANDORT Balkon
WINTERHART ja
ERFAHRUNG Anfänger

Wir lieben die hier abgebildete *Heuchera* ›Blondie‹ – ein Mini-Purpurglöckchen, das unzählige cremegelbe Blütenähren hervorbringt.

Insgesamt gibt es 37 anerkannte Arten der in Nordamerika beheimateten Gattung *Heuchera* und außerdem viele Hybriden. Das Purpurglöckchen gedeiht sowohl in heißem Klima mit hoher Luftfeuchtigkeit als auch in kühleren, trockenen Klimazonen. Obwohl sich die Pflanze im Halbschatten am wohlsten fühlt, überleben die dunkelblättrigen Sorten auch in voller Sonne, während die hellblättrigen Sorten schattigere Standorte bevorzugen.

Heuchera mag kompostreiche, gut durchlässige Erde und gedeiht am besten in einem etwas größeren Topf. Die Blumenerde sollte gleichmäßig feucht gehalten werden, darf aber nicht triefend nass sein. Vergraben Sie die Wurzeln dieser Pflanze nicht vollständig in der Erde – die Krone und der kurze, in der Mitte sitzende Haupttrieb sollten freiliegen.

Sinkende Temperaturen und kürzere Tage bieten den kälteresistenten Pflanzen, die jetzt zum Leben erwachen, optimale Wachstumsbedingungen. Während manche Pflanzen im Winter eine Ruhephase einlegen, bereiten andere sich jetzt darauf vor, Ihnen die grauesten Tage des Jahres zu verschönern.

Winter

CYMBIDIUM SP.

Cymbidium

Kahnorchidee

Die elegante, langlebige Kahnorchidee, die in den Gebirgsregionen Indiens, Südostasiens und Australiens verbreitet ist, schmückt Ihre Fensterbank in der kühlen Jahreszeit mit herrlichen Blüten.

BLÜTEZEIT Winter
FAMILIE Orchideengewächse
LICHT gefiltert / Halbschatten
GIESSEN mäßig
ERDE gut durchlässig / Orchideenerde
STANDORT Wohnung / Balkon
WINTERHART nein
ERFAHRUNG Anfänger

Cymbidium wurde in den letzten rund 100 Jahren selektiv gezüchtet und gekreuzt, sodass es heute Blüten in einer Vielzahl verschiedener Farben, Größen und Formen gibt – von tiefem Schokoladenbraun bis hin zu leuchtenden Gelbtönen und von 1 cm bis über 15 cm Durchmesser. Die Blüte wird im Winter durch niedrigere Temperaturen und sparsamere Wassergaben ausgelöst. Die Cyms, wie man sie manchmal liebevoll nennt, sind herrlich robust und pflegeleicht und sehen dazu auch noch wunderschön aus.

Cymbidien gedeihen hervorragend in Kübeln im Haus oder auf geschützten Balkonen. Am wohlsten fühlen sie sich an einem Standort mit viel hellem, indirektem Licht. Bei direkter, praller Sonne verbrennen die Blätter; bei Mangel an Licht verfärben sie sich dunkelgrün. Es kommt also darauf an, genau den richtigen Mittelweg zu finden. Setzen Sie die Pflanze in einen Topf mit gut durchlässiger Orchideenerde, halten Sie sie – vor allem während der aktiven Wachstumsperiode – relativ feucht und reduzieren Sie die Wassergaben im Herbst und Winter ein bisschen. Um eine optimale Blüte zu erzielen, sollten Sie diese Orchidee im Frühjahr und Sommer regelmäßig mit Flüssigdünger versorgen. Wenn Sie im Frühjahr etwas Dolomitkalk (einen Naturkalk mit wertvollem Kalzium und Magnesium) in ihr Substrat geben, wird es alkalisch, was den Cymbidien einen zusätzlichen Energieschub verleiht!

Mit der richtigen Pflege können Cymbidien ein langes, glückliches Leben führen und jedes Jahr immer mehr Blütenähren hervorbringen. Ihre wunderschönen Blüten halten sich sehr lange, und die Blütezeit dauert vier bis zwölf Wochen, sodass Sie viel Zeit haben, sich an ihrer exotischen Pracht zu erfreuen.

Diese hübsche, anspruchslose Pflanze blüht fast das ganze Jahr über; doch im Winter bringt sie eine besondere Fülle an kleinen, gänseblümchenartigen Blüten hervor. Und genau wie bei den Gänseblümchen sehen auch die Blüten der *Othonna* wie Einzelblüten aus; in Wirklichkeit handelt es sich dabei jedoch um einen körbchenähnlichen Blütenstand aus winzigen Blütchen, die ungefähr 2,5 cm hoch über den kleinen, essiggurkenförmigen Blättern wachsen.

Licht ist das Erfolgsrezept für eine reiche Blüte und erhält *Othonna capensis* gesund. Ein heller Platz in der Wohnung, an dem sie ein bisschen Morgensonne abbekommt, aber vor der prallen Nachmittagssonne geschützt ist, eignet sich sehr gut für diese Pflanze; die gleichen Lichtverhältnisse bevorzugt sie auch im Freien. Die Farbe der Blätter hängt von der Lichtmenge ab, die die *Othonna* erhält: Bei stärkerer Sonneneinstrahlung (und zu wenig Dünger) nimmt das grüne Laub eine dunklere, rötlichere Färbung an.

Othonna capensis ist eine wunderbar pflegeleichte Pflanze, die, sobald sie ausgewachsen ist, ziemlich viel Trockenheit verträgt. Achten Sie darauf, dass ihre Wurzeln nicht nass stehen (was zu Fäulnis führen kann), indem Sie die Pflanze durchdringend gießen und die Erde anschließend austrocknen lassen. Container und Hängetöpfe eignen sich hervorragend für diese Hängepflanze, die sich gerne weit ausbreitet, wenn man sie lässt.

Othonna capensis

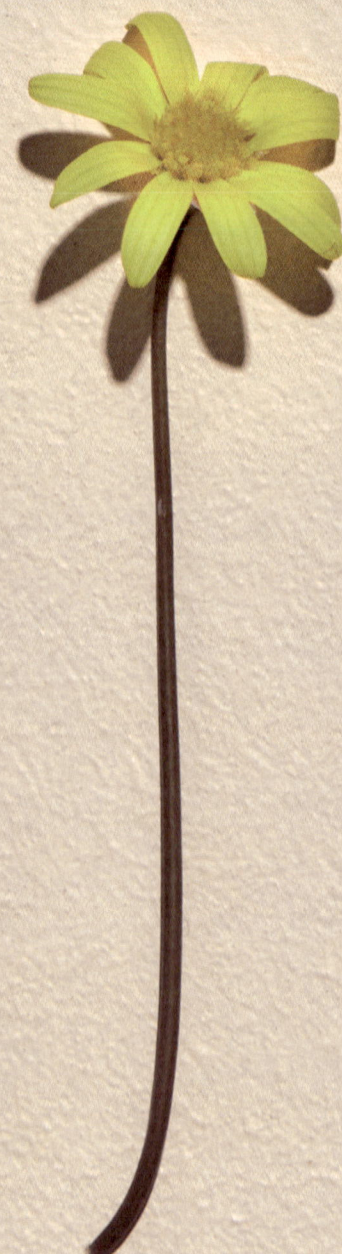

Manchmal wird diese Pflanze umgangssprachlich als »Little pickles« (»Kleine Gurken«) bezeichnet. Darunter stellt man sich eine niedliche kleine Pflanze vor – und genau das ist *Othonna capensis*. Diese in Südafrika heimische, filigrane kleine Sukkulente hat leuchtend violette Stiele und sattgrüne Blätter, die einen wunderschönen Kontrast zu den zarten hellgelben Blüten bilden.

Othonna

BLÜTEZEIT das ganze Jahr über, vor allem im Winter

FAMILIE Korbblütler

LICHT gefiltert / Halbschatten

GIESSEN wenig

ERDE gut durchlässig

STANDORT Wohnung / Balkon

WINTERHART nein

ERFAHRUNG Anfänger

RHIPSALIS PILOCARPA

Rhipsalis pilocarpa

Korallenkaktus

Die dünnen, herabhängenden Stängel dieser beliebten Zimmerpflanze sind von winzig kleinen weißen Härchen bedeckt. *Rhipsalis pilocarpa* ist ein epiphytischer Dschungelkaktus, der ursprünglich aus den tropischen Regenwäldern in und um Brasilien stammt, wo er hoch oben in den Ästen der Bäume wächst. Zu unserem Glück gedeiht er aber auch sehr gut in der Wohnung oder auf einem überdachten Balkon.

BLÜTEZEIT Winter
FAMILIE Kakteengewächse
LICHT gefiltert / Halbschatten
GIESSEN mäßig
ERDE gut durchlässig / Orchideen- oder Epiphytenerde
STANDORT Wohnung / Balkon
WINTERHART nein
ERFAHRUNG Anfänger

Der Korallenkaktus, der von der Royal Horticultural Society mit dem begehrten »Garden of Merit«-Preis ausgezeichnet wurde, ist eine wunderschöne und zugleich pflegeleichte Pflanze. Wenn Sie ihn während der Wachstumsperiode regelmäßig gießen und düngen und die Wasser- und Düngergaben stark reduzieren, sobald die Temperaturen zurückgehen, bringt er an den Enden seiner Stängel viele herrlich duftende weiße Blüten hervor. Viel helles, aber indirektes Licht fördert die Blüte ebenfalls.

Anders als bei Wüstenkakteen ist eine leicht feuchtigkeitsspeichernde Erde für den Korallenkaktus am besten geeignet. Wählen Sie am besten ein spezielles Substrat für Orchideen, Bromelien und andere epiphytische Pflanzen. Im Gegensatz zu seinen sonnenliebenden Brüdern sollte man ihm auch lieber einen vor direkter Sonneneinstrahlung geschützten Standort bieten, um Verbrennungen der Stängel zu vermeiden.

Die Stängel sind zwar empfindlich und können leicht abreißen, lassen sich auf diese Weise aber auch leicht vermehren und zu neuen Pflanzen heranziehen, die Sie verschenken oder in Ihre eigene Sammlung aufnehmen können: Stecken Sie sie einfach wieder in die Erde, dann dürften sie nach einiger Zeit Wurzeln schlagen.

Dieser auffallende epiphytische Dschungelkaktus stammt aus den Küstengebirgen im Südosten Brasiliens und gedeiht an schattigen Standorten mit viel Feuchtigkeit. Die Stängel dieser Pflanze sehen ganz anders aus als die ihrer in der Wüste lebenden Verwandten: Es sind kurze, blattähnliche, spitz gezähnte Glieder. (Daher bezeichnet man *Schlumbergera* auch als Gliederkaktus.) Die auffallenden Blüten, die diese Pflanze an den Gelenken und Enden ihrer Glieder hervorbringt, leuchten je nach Sorte in den verschiedensten Farben – von Weiß, Rosa und Gelb bis hin zu Rot und Violett.

Kühle Temperaturen, lange Nächte und viel helles, indirektes Licht bei Tag fördern die Blüte. Während der Blütezeit verträgt die Pflanze ein bisschen mehr Wasser; aber lassen Sie zwischen den Wassergaben immer mindestens die oberen 2 bis 5 cm Erde austrocknen. Eine durchlässige Erde sorgt dafür, dass die Wurzeln gut belüftet werden, und beugt Fäulnis vor, die durch übermäßiges Gießen entstehen kann.

Nicht nur der umgangssprachliche Name, sondern auch das äußere Erscheinungsbild der *Schlumbergera* mutet sehr festlich an. Wie sein deutscher Name verrät, blüht dieser Kaktus im Winter – die Blüte beginnt gerade rechtzeitig vor den Weihnachtsfeiertagen.

Weihnachtskaktus

BLÜTEZEIT Winter
FAMILIE Kakteengewächse
LICHT gefiltert / Halbschatten
GIESSEN mäßig
ERDE gut durchlässig
STANDORT Wohnung / Balkon
WINTERHART nein
ERFAHRUNG Anfänger

KALANCHOE BLOSSFELDIANA IN EINEM KURVIGEN TOPF VON ADELE MACER

Kalanchoe blossfeldiana

Flammendes Käthchen

Diese Sukkulente ist unter verschiedenen umgangssprachlichen Namen – zum Beispiel Weihnachts-Kalanchoe oder Madagaskarglöckchen – bekannt und bringt mit ihren farbenfrohen Blüten Freude in jeden Zimmer- oder Balkongarten. Und was noch besser ist: Diese pflegeleichte Pflanze kann zwei bis sechs Monate lang blühen, sodass Sie viel Zeit haben, sich an dieser bunten Farbenpracht zu erfreuen.

BLÜTEZEIT Spätherbst bis Winter

FAMILIE Dickblattgewächse

LICHT gefiltert / direkt / Halbschatten / volle Sonne

GIESSEN wenig bis mäßig

ERDE grobkörnig + sandig

STANDORT Wohnung / Balkon

WINTERHART nein

ERFAHRUNG Anfänger

Die aus Madagaskar und dem tropischen Afrika stammende *Kalanchoe blossfeldiana* mag viel helles Licht und eine grobkörnige Kakteen- und Sukkulentenerde. Da sie in ihren fleischigen Blättern Wasser speichert, verträgt sie Trockenheit ziemlich gut und hat es gern, wenn man ihre Erde zwischen den Wassergaben austrocknen lässt. Wenn Sie ihr im Frühjahr und Sommer jeden Monat einen halbstarken Flüssigdünger verabreichen, wird sie Sie jahrelang mit ihren schönen Blüten erfreuen.

Ebenso wie beim Weihnachtsstern und beim Alpenveilchen können kurze Tage und kühlere Temperaturen die Blüte von *Kalanchoe blossfeldiana* auslösen, sodass sie in der nördlichen Hemisphäre oft während der Weihnachtsfeiertage blüht. Deshalb (und weil sie überall im Handel erhältlich ist), erfreut sich diese Pflanze als Geschenk großer Beliebtheit. Leider führt das manchmal auch dazu, dass sie nicht die (minimale) Aufmerksamkeit erhält, die sie zum Gedeihen braucht; oft werden die Pflanzen nach der Blüte einfach weggeworfen. Doch wenn Sie die abgeblühten Stiele entfernen und der Pflanze kurze Tage »vorgaukeln«, indem Sie dafür sorgen, dass sie pro Tag nicht zu viele Stunden lang natürlichem Licht ausgesetzt ist, kann ihre Blütenfülle viel länger andauern.

BRYOPHYLLUM DELAGOENSE

Bryophyllum delagoense

Brutblatt

***Bryophyllum delagoense* (syn. *Kalanchoe delagoensis*) ist eine sehr außergewöhnliche Sukkulente, die wegen ihrer auffallenden Wuchsform auch Brutblatt oder Kronleuchterpflanze genannt wird.**

BLÜTEZEIT Spätherbst bis Winter

FAMILIE Dickblattgewächse

LICHT volle Sonne

GIESSEN wenig

ERDE gut durchlässig

STANDORT Balkon

WINTERHART nein

ERFAHRUNG Anfänger

An den Rändern ihrer spektakulären Blätter sitzen Hunderte winzig kleiner blattähnlicher Gebilde. Diese Pflänzchen lösen sich von der Mutterpflanze ab, die sich dadurch sehr schnell vermehren kann. Ein Topf oder Kübel ist das optimale Zuhause für diese fruchtbare Pflanze, die einen Garten rasch überwuchert, wenn man ihr die Möglichkeit dazu gibt.

Die kleinen glockenförmigen Blüten sind rot, orange oder pink und sitzen in dichten Büscheln an der Spitze langer Stiele. Diese auffallende Sukkulente braucht zwar wenig Aufmerksamkeit, um zu gedeihen; wer sich jedoch an ihren schönen, leuchtenden Blüten erfreuen möchte, sollte ihr eine ganz spezielle Pflege angedeihen lassen: Zu den besonderen Anforderungen, die sie stellt, gehören ungefähr 14 Stunden Dunkelheit pro Tag, gefolgt von zehn Stunden mit sehr hellem Licht, und eine begrenzte Wassermenge.

Alle Teile dieser Pflanze sind giftig (vor allem die Blüten) und sollten daher nicht verzehrt werden. Das Brutblatt ist also keine gewöhnliche Zimmerpflanze; man sollte es von Tieren und neugierigen Kindern fernhalten. In manchen Regionen gilt diese Pflanze als schädliches Unkraut, und es gibt bestimmte Einschränkungen für ihre Kultur und ihren Verkauf. Erkundigen Sie sich nach den gesetzlichen Vorgaben in Ihrer Region.

BLÜTEZEIT Winter bis Frühjahr
FAMILIE Gesneriengewächse
LICHT gefiltert
GIESSEN mäßig
ERDE Usambaraveilchenerde
STANDORT Wohnung
WINTERHART nein
ERFAHRUNG Anfänger

STREPTOCARPUS IONANTHUS SUBSP. VELUTINUS

Usambaraveilchen

Diese kleine Pflanze ist ein Klassiker unter den blühenden Zimmerpflanzen. Das ursprünglich aus Ostafrika stammende Usambaraveilchen eignet sich hervorragend für kleine Fensterbänke, die ein bisschen Farbe brauchen, und gilt in manchen Kulturen als traditionelles Geschenk für Mütter.

Die weich behaarten, eiförmigen Blätter des Usambaraveilchens bilden eine Blattrosette, in welche die meist violett, manchmal aber auch rosa, rot, weiß oder gelb leuchtenden, in seltenen Fällen sogar schwarzen Blüten eingebettet sind.

Obwohl das Usambaraveilchen auch an dunkleren Standorten gedeiht, blüht es nur, wenn es viel gefiltertes Licht erhält. Es sollte in der Nähe eines Fensters, aber nicht zu nah an kaltem Glas stehen und auch keiner Zugluft ausgesetzt sein. Wenn Sie die Pflanze regelmäßig drehen, wächst sie gleichmäßig in alle Richtungen.

Achten Sie beim Gießen darauf, dass die Blätter nicht nass werden – richten Sie den Wasserstrahl der Gießkanne direkt auf die Blumenerde. Lauwarmes Wasser eignet sich am besten für diese Pflanze; auch warme Temperaturen in der Wohnung und etwas höhere Luftfeuchtigkeit tun dem Usambaraveilchen gut.

Entfernen Sie abgestorbene Blüten und gelbe Blätter und bürsten Sie die hübschen Blätter regelmäßig ab, damit sich kein Staub darauf ansammelt. Während der Blütezeiten sollten Sie Ihrem Usambaraveilchen alle 14 Tage einen speziellen Flüssigdünger verabreichen; aber achten Sie darauf, die Pflanze nicht zu überdüngen. Im Zweifelsfall ist es besser, den Dünger etwas stärker zu verdünnen!

BLÜTEZEIT Winter bis Frühjahr
FAMILIE Hahnenfußgewächse
LICHT Halbschatten
GIESSEN mäßig
ERDE gut durchlässig
STANDORT Balkon
WINTERHART ja
ERFAHRUNG Anfänger

HELLEBORUS ›ANNA'S RED‹

Helleborus

Christrose

Helleborus ist eine sehr beliebte Staude, die zu anderen Zeitpunkten und an anderen Stellen blüht als viele andere Pflanzen – nämlich bei Frost und im Schatten. Dieser Tatsache verdankt sie ihren umgangssprachlichen Namen »Christrose«, obwohl sie gar nicht mit den Rosengewächsen verwandt ist.

So unscheinbar die Christrose aus der Ferne auch wirken mag – aus der Nähe betrachtet, erfreuen uns ihre langlebigen Blüten mit einer überwältigenden Farbpalette aus Weiß-, Gelb-, Grün- und Pflaumenrot- bis hin zu Rosatönen; manche Sorten bringen sogar fast schwarze Blüten hervor. Durch Kreuzungen sind Christrosen mit krausen, gefüllten Blüten und vielen ungewöhnlich gefleckten und gesprenkelten Blütenblättern entstanden.

Die meisten Christrosen bringen schüchtern nach unten gerichtete Blüten hervor; daher sollte man ihre Töpfe an einen erhöhten Platz stellen, um die Blütenpracht dieser Pflanzen bewundern zu können. In der freien Natur wachsen sie oft an der Basis von Laubbäumen. Also versuchen Sie, ihre natürliche Umgebung nachzuahmen, indem Sie ihr in der kalten Jahreszeit einen Standort mit gedämpftem Sonnenlicht bieten, um die Blüte zu fördern, und sie, wenn es wärmer wird, an einen vollschattigen Platz stellen. Wenn man ihnen nicht die richtigen Wachstumsbedingungen bietet, werden Christrosen anfällig für Blattlausbefall; deshalb im Sommer nicht in der Sonne stehen lassen, da dies die Pflanze und ihr Immunsystem schwächt. Sollten Sie doch einmal feststellen, dass Ihre Christrose von Blattläusen befallen worden ist, behandeln Sie sie mit einem natürlichen Schädlingsbekämpfungsmittel. Im Sommer empfiehlt es sich außerdem, ihren Topf mit Mulch zu bedecken (aber achten Sie darauf, dass dieser nicht mit der Basis der Pflanze in Berührung kommt), damit die Blumenerde kühl und feucht bleibt. Wenn der Winter kommt, mischen Sie Kompost unter die Erde, um eine kräftige Blüte zu fördern.

Geben Sie der Christrose einen tiefen Topf, damit ihre kräftigen Wurzeln genügend Platz zum Wachsen haben. Der Topf sollte später auch ein möglichst einfaches Umtopfen erlauben, da die Wurzeln dieser Pflanze nicht gerne gestört werden. Geben Sie ihr während der Wachstumszeit alle zwei Wochen einen Flüssigdünger, entfernen Sie nach der Blüte sämtliche abgestorbenen Stiele an der Basis und schneiden Sie die Pflanze leicht zurück, um das Wachstum neuer Triebe zu fördern. Die Christrose ist ziemlich giftig, also halten Sie sie unbedingt von neugierigen Haustieren und Kindern fern.

Zu unseren Favoriten gehören die rein weiß blühende *Helleborus niger*, *Helleborus × hybridus* ›Double Black‹ mit nachtschwarzen Blüten, *Helleborus* ›Ivory Prince‹ mit eher aufrecht stehenden Blüten und die tief pflaumenrot blühende *Helleborus* ›Anna's Red‹.

Die Blüten von *Viola × wittrockiana* weisen in der Mitte oft kontrastierende dunkle Flecken auf, die an die schwarze Maske eines Pandabären erinnern; häufig sind sie auch von dünnen, fächerförmig von der Mitte ausgehenden Linien durchzogen. Manchmal ist diese Pflanze das Einzige, was Farbe in unseren winterlichen Garten bringt; gerade deshalb schätzen wir sie so sehr.

Stiefmütterchen kommen in einem Kübel hervorragend zur Geltung. Wenn Sie nicht so viel Platz haben, ist auch ein einzelnes Stiefmütterchen in einem kleinen Topf eine wunderschöne Bereicherung für Ihren Garten. Normalerweise werden diese Pflanzen ungefähr 20 cm hoch. Wenn Ihre Stiefmütterchen längere Blütenstiele ausbilden sollen, weil diese sich besser zum Schneiden und für Blumensträuße eignen, sollten Sie sie zwischen andere Pflanzen setzen; dann werden sie im Wettkampf um Aufmerksamkeit und Licht stärker in die Höhe wachsen. Wir haben unsere Stiefmütterchen mit Minze und Erdbeeren zusammengepflanzt.

Falls Sie sich dazu überwinden können, ist es für die Pflanze von Vorteil, die ersten Blütenknospen abzuschneiden, damit sie mehr Energie in ihr Wachstum stecken kann; dann wird sie später eine reichere Blütenpracht hervorbringen. Entfernen Sie abgestorbene Blüten, um eine längere Blütezeit zu fördern. Sobald es wärmer wird, hört die Pflanze wahrscheinlich auf zu blühen.

Alle Teile des Stiefmütterchens sind essbar; die Blüten sind eine hübsche Dekoration für Kuchen und Gebäck.

Viola × wittrockiana

Als Hybridpflanze, die hauptsächlich als Gartenblume kultiviert wird, ist das Stiefmütterchen ein fleißiger und pflegeleichter Blüher. Alle Gartenstiefmütterchen, von denen es Tausende in den verschiedensten Farbkombinationen gibt, sind aus Viola × wittrockiana hervorgegangen.

Stiefmütterchen

BLÜTEZEIT Winter bis Frühjahr
FAMILIE Veilchengewächse
LICHT volle Sonne
GIESSEN viel
ERDE gut durchlässig
STANDORT Balkon
WINTERHART ja
ERFAHRUNG Anfänger

Index

CATTLEYA
165

CHRISTROSE
207

53
COSMEA

DAHLIE
138

DIPLADENIA
129

149
DREHFRUCHT

ECHEVERIE
64

EINBLATT
49

ERDBEERE
184

FÄRBERKAMILLE
137

FLAMMENDES KÄTHCHEN
201

168
FRAUENSCHUH-ORCHIDEE

FUNKIE
127

GERANIE
156

GLÜCKSKLEE
79

GROSSBLÜTIGE
PFEIFENWINDE
133

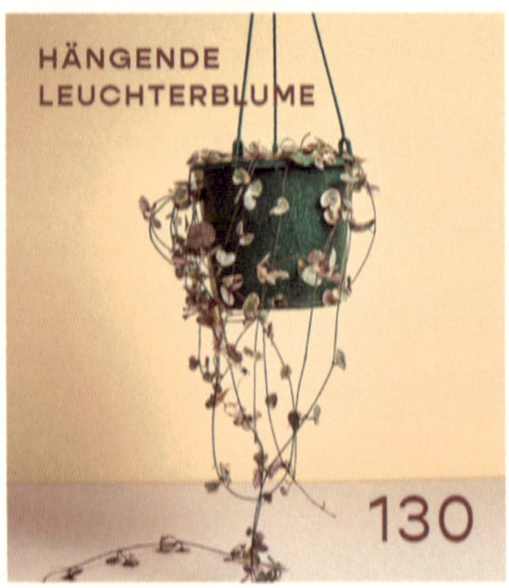
HÄNGENDE
LEUCHTERBLUME
130

182
HERBST-ANEMONE

HORTENSIE
146

KAHNORCHIDEE
193

KALIFORNISCHER MOHN
81

KAMELIE
187

KÄNGURUPFOTE
70

KÖCHERBLÜMCHEN
121

KORALLENKAKTUS
197

KORNBLUME
50

162
KUSSMÄULCHEN

LAVENDEL
113

LEUCHTERBLUME
123

MEDINILLA
77

MEHLSALBEI
118

ONCIDIUM
167

OTHONNA
194

PEPEROMIA
152

PORTULAKRÖSCHEN
134

PRACHTKERZE
155

PURPURGLÖCKCHEN
189

RITTERSPORN
86

ROSE
151

117
ROSMARIN

145
RUDBECKIA

SCHMETTERLINGS-
ORCHIDEE
90

SCHNEEMOHN
142

SCHÖNMALVE
74

SPANISCHES GÄNSEBLÜMCHEN
104

208
STIEFMÜTTERCHEN

STORCHSCHNABEL
67

STUDENTENBLUME
107

TULPE
72

205
USAMBARAVEILCHEN

WACHSBLUME
124

WEIHNACHTSKAKTUS
198

WEISSE FLEDERMAUSBLUME
115

Index

EINE FRECHE RAUPE ERKUNDET EINE AKELEI-BLÜTE.

Über die Autorinnen

Lauren Camilleri und Sophia Kaplan sind Mitbegründerinnen eines in Sydney ansässigen Onlineshops für Zimmerpflanzen und gärtnerische Bedarfsartikel namens Leaf Supply – die Anlaufstelle für alles, was Zimmergärtner brauchen.

Während des Aufbaus ihres Geschäfts haben sich die beiden zu echten Zimmerpflanzenexpertinnen entwickelt: Sie haben drei sehr erfolgreiche (und preisgekrönte) Bücher über Zimmerpflanzen – *Leaf Supply* (auf deutsch *Wild at Home*), *Indoor Jungle* und *Plantopedia* – bei dem Verlag Smith Street Books veröffentlicht. Die Bücher sind weltweit auf dem Markt.

Lauren hat Innenarchitektur studiert und ist neben ihrer Arbeit als Leiterin von Leaf Supply als Art-Direktorin tätig. Sophia hat zunächst in der Kommunikations- und Produktionsbranche gearbeitet, bevor sie sich neu orientierte und Pflanzenstilistin wurde.

Beide sind hoffnungslos vernarrt in Pflanzen und wünschen sich, dass alle anderen Menschen sich genauso in diese wunderschönen grünen Haus- und Gartengenossen verlieben wie sie selbst. Mit ihrer Arbeit möchten sie den Menschen Wissen und Selbstvertrauen im Umgang mit Pflanzen vermitteln; sie wollen ihnen beibringen, sie zu pflegen, mit ihnen zusammenzuleben und sie möglichst eindrucksvoll zur Geltung zu bringen. Letztendlich wollen sie andere Gärtnerinnen und Gärtner (und jeden, der gern einen »grünen Daumen« hätte) dazu inspirieren, das unglaubliche Wunder und die enorme Verletzlichkeit unserer Natur kennen- und schätzen zu lernen.

OBEN: SOPHIA UND LAUREN IM ATELIER DER KÜNSTLERIN CAROL CRAWFORD; RECHTS: EINE *ONCIDIUM*-ORCHIDEE INMITTEN VON KERAMIKGEFÄSSEN VON TARA BURKE

Mitarbeiterinnen

Wir sind sehr dankbar dafür, mit einem Team so begabter Frauen zusammenarbeiten zu dürfen, die unsere Arbeit an diesem Buch zu einem ganz besonderen Vergnügen gemacht haben.

JANE ROSE LLOYD (GÄRTNERISCHE BERATERIN)

Seit wir im Jahr 2019 das Pflanzenparadies in ihren eigenen vier Wänden auf den Seiten des Buches *Indoor Jungle* abbilden durften, ist Jane Rose Lloyd für uns zu einer sehr lieben Freundin und Mitarbeiterin geworden. Als gärtnerische Beraterin für *Plantopedia* sorgte sie mit ihrer akribischen Liebe zum Detail und ihrem umfassenden Pflanzenwissen dafür, dass alle Informationen wissenschaftlich auf dem neuesten Stand waren. Als diplomierte Gartenbauwissenschaftlerin hat Jane sich auf binominale Nomenklatur, Pflanzenbestimmung und die richtige Auswahl von Pflanzen für Nischenstandorte spezialisiert. Ihre Beiträge waren für uns stets von unschätzbarem Wert, und es war uns eine große Freude, sie auch bei diesem Buch an unserer Seite zu wissen, wo sie wiederum als gärtnerische Beraterin fungierte. Einige ihrer Pflanzen sind in unseren Pflanzenprofilen abgebildet. Mehr über Jane und ihre Liebe zu seltsamen Pflanzen erfahren Sie auf den Seiten 94–103.

BECCA CRAWFORD (FOTOGRAFIN)

Wir hatten Beccas Arbeit schon lange aus der Ferne bewundert, und ihre Rückkehr nach Australien, nachdem sie jahrelang in Berlin gelebt und gearbeitet hatte, war für uns ein großer Glücksfall. Ihr unglaublich scharfer Blick und ihr naturalistischer, lebendiger, moderner Fotostil passen hervorragend zu diesem Buch. Sie hat sich voll und ganz auf unser Briefing und auf das Thema eingelassen, und ihre Bilder bringen den Zauber der Pflanzen und Menschen in diesem Buch auf sehr lebendige Weise zum Ausdruck. Wir sind unendlich dankbar für die Fotoshootings mit ihr: Sie haben nicht nur Spaß gemacht und uns inspiriert, sondern Becca gehört jetzt auch zu unserem Freundeskreis. Zurzeit wohnt sie in Melbourne und pendelt im Rahmen ihrer fotografischen Tätigkeit zwischen Melbourne, Sydney und Berlin hin und her. Sie arbeitet an redaktionellen und kommerziellen Projekten und Dokumentationen und fängt mit ihrer Kameralinse intime Porträts der Mutterschaft ein.

ROSIE KAPLAN (RECHERCHE)

Rosie, die (neben ihren vielen anderen Talenten) eine außergewöhnliche Begabung fürs Recherchieren besitzt, hat uns stets mit Begeisterung bei unserem Projekt unterstützt, indem sie uns wertvolle Informationen für unsere Pflanzenprofile zur Verfügung stellte; außerdem hat sie uns mit unendlicher Liebe dabei begleitet und ermutigt. Sie hat erstmals bei *Plantopedia* mit uns zusammengearbeitet, als der schiere Umfang unseres Manuskripts uns zu überfordern begann, und sie war zu unserem Glück auch bei der Arbeit an *Blütenmeer für dein Zuhause* wieder mit dabei und hat viele Pflanzenprofile in diesem Buch mitgestaltet.

OBEN: DIE ZARTEN BLÜTEN EINER BALKONTOMATE; RECHTS: LILIENTRAUBE (*LIRIOPE*)

Danke!

Wir sind sehr glücklich darüber, diese Bücher machen zu dürfen; doch das ist nur mit Unterstützung vieler Menschen möglich. Unserem Verleger Paul McNally von Smith Street Books danken wir dafür, dass er uns immer wieder die Möglichkeit zu solchen Projekten gibt, Vertrauen zu uns hat und dabei mithilft, unsere Bücher einem möglichst breiten Publikum zugänglich zu machen. Bei unserer Lektorin Lorna Hendry möchten wir uns ganz herzlich dafür bedanken, wie geduldig und fachkundig sie die Puzzleteile unseres Manuskripts zusammengesetzt und dabei sehr viel Sorgfalt und Liebe zum Detail gezeigt hat. Die Projektredakteurin Aisling Coughlan hat dazu beigetragen, dieses Schiff über Wasser zu halten – ihre Führung und Anleitung waren für uns unverzichtbar, und wir wissen ihre Unterstützung sehr zu schätzen.

Liebe Becca Crawford, der wir die Fotos für dieses Buch verdanken: Wir sind so glücklich darüber, dass wir mit dir zusammenarbeiten durften! Die Fotoshooting-Tage haben uns immer viel Spaß gemacht, und es war stets ein Hochgenuss, deine Bilder auf dem Bildschirm erscheinen zu sehen. Ganz herzlichen Dank dafür! Liebe Jane Rose Lloyd, unsere unbezahlbare gärtnerische Beraterin: Bitte entschuldige die oft erst spät in der Nacht eintrudelnden Texte. Wir danken dir von ganzem Herzen dafür, dass du Pflanzen so sehr liebst und uns dein ganzes Wissen über dieses Thema zur Verfügung stellst.

Den Pflanzenliebhabern, die uns so großzügig in ihre Häuser und Köpfe hineinschauen ließen, danken wir herzlich für ihre Beiträge zu diesem Buch: Jane Rose Lloyd (wieder einmal) mit ihren sexy Fingernägeln und ihrem Gewächshaus, um das wir sie glühend beneiden; Petrina Burrill mit ihrem groß angelegten Garten und ihrer Lebensfreude; und Samantha McIntyre, deren unverwechselbaren Stil und deren Begeisterung für dieses Buchprojekt wir sehr zu schätzen wissen.

Außerdem möchten wir uns bei Tara Burke und Saskia Wilson ganz herzlich dafür bedanken, dass wir in ihrem wunderschönen Atelier (dem mit dem magischen Licht) fotografieren durften. Auf Seite 171 und 221 dieses Buches können Sie sehen, wie sich unsere Pflanzen zwischen Taras Keramikgefäßen verstecken. Ein ganz besonderes Dankeschön geht auch an Beccas Mama Carol Crawford, die uns freundlicherweise in ihr ebenso fantastisches Atelier eingeladen hat, das in unserem Kapitel über Pflanzenpflege abgebildet ist. Unsere Pflanzen inmitten ihrer kurvigen Alabaster-Skulpturen zu platzieren, war ebenso nervenaufreibend wie spannend.

Vielen Dank auch an Alana Scherr, Claire Madiot und Cooper Solberg, die uns im Atelier von Leaf Supply den Rücken freigehalten haben, damit wir dieses Buch schreiben und an den Fotosessions mitwirken konnten. Dafür sind wir euch ungeheuer dankbar, ihr Lieben!

SOPHIA: Lauren und ich haben einen wunderbaren Rhythmus für unsere gemeinsame Arbeit an diesem Buch gefunden. Es ist eine Freude, mit ihr zusammenzuarbeiten, und ich danke ihr dafür. Dass sie gleichzeitig auch eine fantastische Art-Direktorin ist, die das Buchdesign gestaltet hat, ist ein großer Vorteil. Meinen Eltern Janice und Lewis danke ich dafür, dass sie mich stets unterstützt haben – sowohl in emotionaler als auch in praktischer Hinsicht. Ihr habt mir dabei geholfen, meinen Weg zu finden, und mir ruhige Augenblicke zum Schreiben und Produzieren dieses Buches ermöglicht. Ich liebe euch beide von ganzem Herzen. Dir, meiner geliebten Tante Rosie, danke ich für deine Begeisterungsfähigkeit und deine Recherchen auf dem Gebiet der Pflanzen. Meinem Partner Mike und meinen Babys Rafi und Otis: Ihr seid die größte und beste Ablenkung für mich, ich liebe euch.

LAUREN: Nachdem wir nun vier dieser »bösen Buben« produziert haben, haben wir definitiv eine Menge Erfahrung und Know-how in der Gestaltung von Büchern gewonnen, und diese Arbeit macht uns nach wie vor viel Freude, auch wenn sie einen manchmal förmlich auffrisst. Soph ist eine großartige Partnerin; es gibt niemanden, mit dem ich diese Arbeit lieber machen würde. Ein riesiges Dankeschön an meine Eltern Richard und Maree, die mich bei meiner Arbeit am unermüdlichsten anspornen, an meinen Ehemann Anthony für seine unendliche Geduld und Unterstützung und an meine verrückte, kluge und charismatische Frankie – meine zukünftige Kollegin in der Welt der Gärtnerei. Ohne diese großartigen Menschen um uns herum wäre das alles nicht möglich.